左　耘　韩　联　总策划

王　珂　秦　全　胡　萌
李　岚　肖玉莲　孟昭荣　编著

科学出版社
北　京

内 容 简 介

在繁忙的都市生活中，花草能让我们联想起自然之美、生命之静，能唤起我们回归田园的愿望。本书分为三个部分：趣味种植篇、休闲花艺篇、时尚压花篇，通过图文并茂的讲解，使读者体验植物播种、生长、繁殖和养护的过程，体验时尚、趣味的花草世界中的花艺创作和压花创作。

本书适合作为职业学校、中小学校第三课堂创意体验课程教材，也可作为家庭园艺爱好者的参考书。

图书在版编目（CIP）数据

闲拾花草 / 王珂等编著. —北京：科学出版社，2020.3

ISBN 978-7-03-064650-7

Ⅰ. ①闲…　Ⅱ. ①王…　Ⅲ. ①花卉－观赏园艺　Ⅳ. ① S68

中国版本图书馆 CIP 数据核字（2020）第 039223 号

责任编辑：陈砺川 / 责任校对：王　颖

责任印制：吕春珉 / 设计制作：东方人华平面设计部

科 学 出 版 社 出版

北京东黄城根北街16号

邮政编码：100717

http://www.sciencep.com

三河市骏杰印刷有限公司印刷

科学出版社发行　各地新华书店经销

*

2020 年 3 月第　一　版　开本：787 × 1092　1/16

2020 年 3 月第一次印刷　印张：10 1/2

字数：174 000

定价：68.00 元

（如有印装质量问题，我社负责调换〈骏杰〉）

销售部电话 010-62136230　编辑部电话 010-62130750

序　言 Preface

职业启蒙教育作为个人职业生涯发展的基础，对人生观、世界观、价值观形成有着非常重大的影响。在基础教育阶段开展职业启蒙教育，能够让孩子赢在职业认知、职业兴趣、职业选择的起跑线上，能够让孩子因尽早遇见了未来的自己而更具自信心和竞争力，能够让孩子在自己喜欢的职业领域里获得幸福感和价值感。

纵观我国教育历史，职业启蒙教育在很长一段时期是被忽视的，但随着基础教育改革的不断深化以及现代职业教育深入人心，全社会对于职业启蒙教育越来越关注。2010 年，国务院在《国家中长期教育改革和发展规划纲要（2010-2020 年）》中提出“职业教育要面向人人、面向社会”“职业教育与普通教育相互沟通”。针对普通中小学缺少职业启蒙教育师资、课程、场地的情况，作为国家级中等职业教育改革发展示范校的北京国际职业教育学校，充分发挥自身办学资源优势，大力开发和实施面向中小学的职业体验课程，让广大中小学生在职业体验课堂中，通过各种实践体验，了解职业特点、认识职业文化、感受职场氛围，从而逐步发现和培养职业兴趣，为未来职业选择奠定基础。

目前，北京国际职业教育学院共组织开发职业体验课程近 200 门。其中，基于学校专业特色和职业岗位的课程就有近 60 余门，涉及信息技术类、财经商贸类、园艺设计类、烹饪与膳食营养类、服装设计与展示类、旅游服务类等六大类别。这些课程经过四年多轮次的实施打磨，已经日臻成熟。适时，我们将丰硕成果拿出来与有志于此道的同仁分享交流。故此，北京国际职业教育学校携手科学出版社，推出一套“职业体验课程系列教材”，以满足广大从事体验式职业启蒙教育的教师，及心悦职业体验活动的孩子们的需要。抛砖引玉，寄望得到各界人士对职业启蒙教育的关注，同时也进一步促进我校职业体验课程建设的再飞跃。

编写“职业体验课程系列教材”的初衷有两点：一是推广我校职业启蒙教育的理念和经验；二是向图书市场注入职业体验课程教材精品。为此，学校与出版社多次召开专题会议，本着作者要优秀、质量要一流的目标，由多年从事职业体验课程教学的教师执笔，并聘请行业和课程专家把关，再经出版社资深编辑审阅，最终呈现给读者一套选题新颖，策划周全；科学合理，通俗易懂；实例精彩，讲解精准；版式活泼，耳目一新的通识读本。

庄子曰：其作始也简，其将毕也必巨。我们先推出园艺设计方向职业体验课程教材《闲拾花草》，待取得经验后再相继推出其他职业体验课程教材。想法虽好，但能否契合初心，时有忐忑；虽晨兢夕厉，仍如临深渊、如履薄冰。故此，书中如有不妥及错讹处，恳请不吝赐教，我们一定俯身倾听，及时修正。

左 耘

2019年11月

前 言 Foreword

在提升职业教育内涵，拓展教育空间的形势下，作为全国教育科学“十三五”规划2016年度教育部重点课题“中小学生职业体验课程开发与实施的研究”的子课题，北京国际职业教育学校的园林专业团队发挥专业优势，深入分析专业特色，分解职业活动，紧扣职业能力要求，先后走进中小学，参与到职业体验课程的开发与实施的实践中，在不断探索的基础上，结合不同学员特点与学习需求，充分挖掘、积极开发职业体验课程群，针对小学生设计开发了“花艺小课程”“绿植盆栽小课堂”；针对中学生设计开发了“花艺设计与制作”“压花——定格植物的美”等分层课程，并在实施过程中与授课单位及学员积极沟通交流，通过反馈意见，适时做出调整，优化课程设计，以达到最优的教学效果，更好地服务中小学生的职业体验课程。

本书以植物生长的全过程为主线，从获取种子开始，带领读者走进多彩的植物世界，体验播种、生长、繁殖、养护的各个过程，用小植株打造高颜值的桌面园艺小品；随着艳丽花朵的绽放，多样化的花艺创作让平淡的日常花香四溢，充满朝气；为了更长久地延续花草的美，我们还可以将其压制成平面干燥花，将植物天然的形态、原生的色泽、奇妙的纹理恒久地定格起来，创作出具有丰富想象力的压花作品。

因此，本书分为三个部分。

趣味种植篇：本篇从了解土壤、认识种子开始，带领读者学习园艺种植的基础知识。通过获取生活中常见水果的种子入手，搭配多肉植物制作组合盆栽，利用彩叶植物设计植物微景观，体验盆景制作，带领读者走进植物世界的同时学会养护植物，体验种植的乐趣。

休闲花艺篇：本篇通过图文并茂的形式，以各种绚丽的花卉，辅以简单的器具，根据基本的创作原理，生动多彩的作品范例，带领读者走进插花的艺术世界。

时尚压花篇：本篇以图解的方式介绍了一些日常压花用品的制作方法，包括如何将立体的花草压制成平面的干燥花，如何对原有的植株形态进行拆解或重构；再利用这些压花用品，通过细致的手工，创作出花草交融、品位独特的压花作品。读者通过压花创作可以感受人与充满自然灵气的植物的对话，让植物的生命得到更多的精彩展现。

本书图文并茂，制作步骤详细简明，使初学者易学易懂。

快来与我们一起走进花草的世界，享受园艺创作的乐趣吧！

目　录 Contents

趣味种植篇

休闲花艺篇

时尚压花篇

趣味种植篇

当你放慢脚步环视四周，不难发现，园艺已经悄悄走进了人们的日常生活。“如果你来访我，我不在，请和我门外的花坐一会儿……”汪曾祺的《人间草木》中暖暖的文字衬出暖暖的日子。可见园艺不仅是园艺，还是一种生活方式，而园艺设计更是一门融植物种植与养护、艺术设计与环保应用于一体的综合学科。

本篇从了解土壤、认识种子开始，带领读者学习园艺种植的基础知识；采用常见的水果种子，可种出生活中的趣味植物；利用胖嘟嘟的多肉、娇滴滴的彩叶，可制作出属于自己的趣味景观盆栽；选取一块顽石、一棵植物，可制作出尽显中国味道的园艺盆景。

让我们一起走进植物世界，与自然同行，与生活共舞。

常用工具

镊子：可用于捉虫、摘叶、刨土、压土、多肉植物去盆、去除多肉叶片间较大杂物、播种时取种子。

小耙子：多肉植物培育工具，适合小工作量家庭园艺，小品盆栽护理，花盆松土。

小刷子：用于清理叶片间细小杂物、叶面尘土、花盆盆口粉尘。

小铲：多肉植物培育工具，适合小工作量家庭园艺，小品盆栽护理、培土。

土铲勺：是制作中、小型微景观时用于铲土、铲铺面石、铲彩沙等的工具，可使细沙、河沙等精确到位地倒入花盆，不会散落各处。

枝剪：用于花卉、树木枝条修剪。

铲土杯：用于植物定植与多肉植物上盆。适合多肉植物及家庭园艺种植，适用于不同尺寸的花器。

滴水瓶：是为多肉植物浇灌时常用的一种浇水器。瓶身带刻度，细口导管设计，可精准定位浇水位置与浇水量，是多肉组合盆栽必备浇水神器。

小喷壶：是为彩叶植物浇水和增加空气湿度的一种浇水器。这个喷水壶是喷水、喷雾两用的，通过调节喷嘴的松紧来调节喷水的雾化程度，喷嘴拧得越紧，雾化得越好。

气孔垫片：放置在多肉花盆的底部，方便种植，可以有效地防止泥土漏出以及害虫从底部钻入，并且可以保证盆底透气和排水。

土壤最根本的作用是为植物提供养分和水分，同时也是植物根系伸展、固定的介质。对种植来说，土是一切的基本。选对了土，种植就成功了一半。因此了解各种土的特性，就显得十分重要。

了解土壤

田园土： 由于经常施肥耕作，田园土肥力较高，易板结，透水性差，一般用于大田种植，用于盆栽基质时不单独使用。

腐叶土： 植物枝叶在土壤中经过微生物分解发酵后形成的营养土，用于花卉播种育苗能提高发芽率。

泥炭土： 由大量分解不充分的植物残体口益积累形成泥炭层的土壤。其有机质丰富，用于有机肥料和育苗及花卉培植。

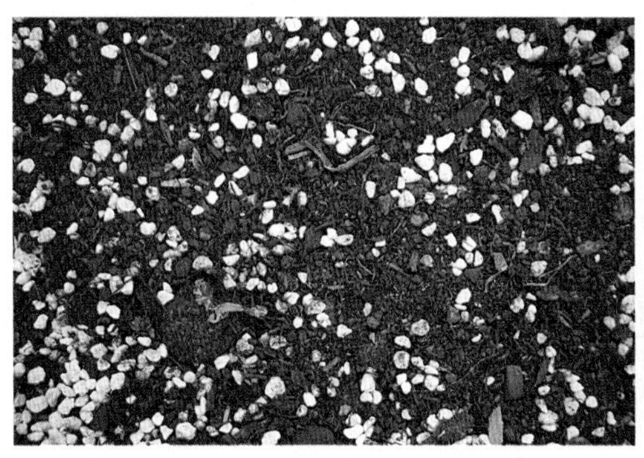

营养土： 由人工专门配制，含有丰富养料，具有良好的排水和透气性能，能保湿保肥，可作为栽培基质土使用。

蛭石： 是一种硅酸盐材料，通气性好，孔隙度大，持水能力强，可作为扦插育苗基质土的一部分。

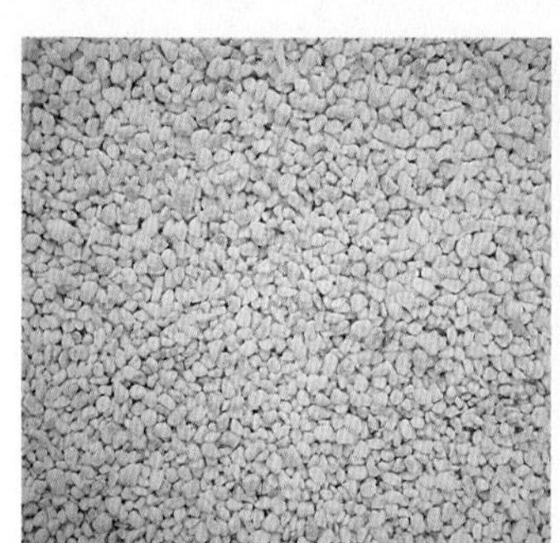

珍珠岩：是天然的铝硅化合物，保水和透气性好，除作为扦插用土外，也可与其他土配合使用。

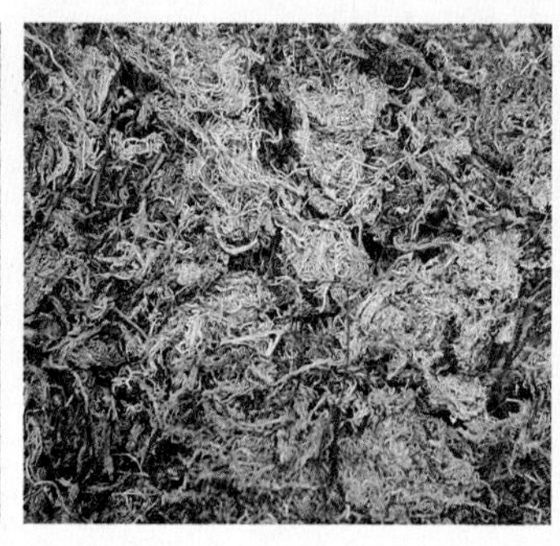

水苔土：由干燥的水生植物水苔制成，保水性高，用于压枝、插枝时保湿。

鹿沼土：由火山土生成，多孔，通气性、保水性好，适宜种植多肉植物和喜酸性土植物。

火山岩：为无机沙土，透水性和透气性好，易于植物根系的生长，可作为垫层基质土使用。

轻石：一种火山土，质轻，透气性和吸水性很强，可作为微景观隔水层基质土使用。

认 识 种 子

世界上之所以几乎到处都有植物的踪迹，是因为植物的种子具有能在各地“安家”和“繁育”的本事。种子是种子植物的繁殖体系，对延续物种起着重要作用。

种子的形状：每种植物的种子都有它独有的形态与特性，形状有肾脏形、圆球状、椭圆形、扁圆形等。褐色和黑色是种子的主要颜色，但也有其他颜色，如豆类种子就有黑、红、绿、黄、白等色。

种子的大小：如椰子、杧果、皂荚等植物的种子较大；如芝麻、小米、火龙果等植物的种子较小；如凤仙、马齿苋、酢浆草等植物的种子则更小。种子的大小决定了播种时覆土的厚度，种子越小，在播种时覆土越薄，甚至可以不覆土。

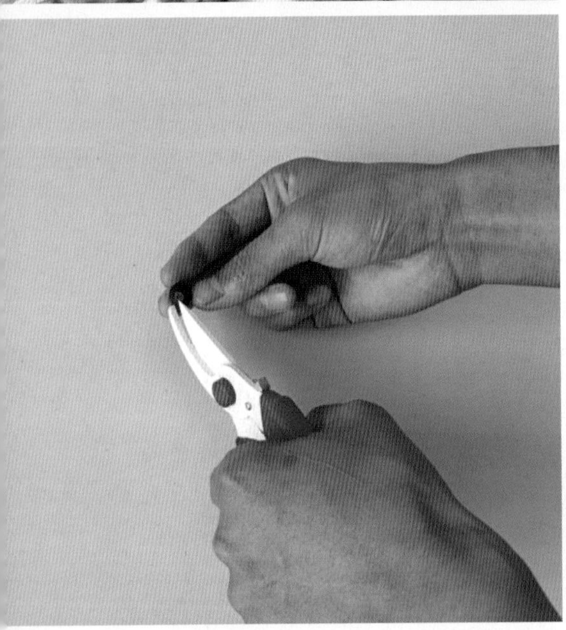

种子的传播：靠水来传播的有椰子、睡莲、千屈菜等植物的种子；

靠风来传播的有蒲公英、柳树、杨树等植物的种子；

靠小鸟或其他动物来传播的，如松树的种子靠松鼠储存过冬粮食时带走，或靠小鸟或某些动物把种子吃进肚子，由于消化不掉而随粪便排出来而得以传播；

靠植物自身机械力传播的有凤仙花、豆类、喷瓜等植物的种子。

打破种子的休眠：对由抑制物质引起休眠的种子，一般可用水浸泡、冲洗、高温等方法来除去抑制物质，促进发芽，如杧果、苹果、君子兰、苏铁、火龙果的种子。

对于种皮透性不好而产生休眠的种子，可用机械摩擦、加温和强酸处理方法，以使种皮破损，增加种皮的透气和透水能力，如睡莲、刺槐、合欢、皂角的种子。

种子萌芽条件：俗语有云："清明前后，种瓜点豆。"为什么清明时节是播种的最佳时间呢？这主要是因为清明过后环境温度稳定上升，降雨增加。对于种子来说有三个环境因素影响它是否发芽：水分、氧气和温度。

水分。有了水分，种子中的酵素才能活动，种子中贮藏的养分才能水解产生作用，细胞也才能膨胀生长。

氧气。种子开始活动就要进行呼吸，也就需要氧气。所以播种时浇水太多，种子反而会腐烂，就是因为缺氧的缘故。只有少数水生植物的种子，能在缺氧的状况下发芽。

温度。植物种子的发芽温度一般为 0～40℃，每一种植物都有其发芽适温，也就是最适于发芽的温度。种子的发芽适温因原产地而异。一般而言，温带植物以 15～20℃为最适合，亚热带及热带植物以 25～30℃为宜。

种子的寿命：是指种子的生活力在一定环境条件下保持的最长期限。超过这个期限，种子的生活力就会丧失，也就失去了萌发的能力，影响种子寿命的因素有很多，植物本身的遗传性是很重要的因素，不同植物的种子，其寿命差异很大，长的可达百年以上，如莲子；短的仅能存活几天或几周，如柳树、槭树。

种子的贮藏：贮藏种子的地方一定具备干燥和低温的条件，这样贮藏的效果最佳，可以使种子的呼吸作用最微弱，种子内的营养消耗最少，使得种子有可能度过最长休眠期。

学会种植

扔！扔！这是我们对付垃圾的办法。但是你还不知道吧，你吃完的杧果、龙眼、苹果等水果种子经过处理都能变成一盆盆绿植！

小种子的种植

以火龙果种植为例。

火龙果是一种常见水果，它除了好吃，还可以成为我们装点家居环境的绿植。下面让我们一起种植一盆火龙果盆栽，摆放在房间里，为家增添一丝生机与活力。

难度系数：★★★☆

材料：火龙果、泥炭土、火山岩、气孔垫片、纱布、半个矿泉水瓶、洗脸盆、保鲜膜

步骤

1	2
3	

1. 挑选新鲜的火龙果，将其切开后，用勺子刮下里面的果肉。

2. 把果肉放入纱布中，用力揉捏，使果肉与种子分离。

3. 把分离好的果肉和种子装入剪好的半个矿泉水瓶中，用水把果肉冲洗掉，提取种子。

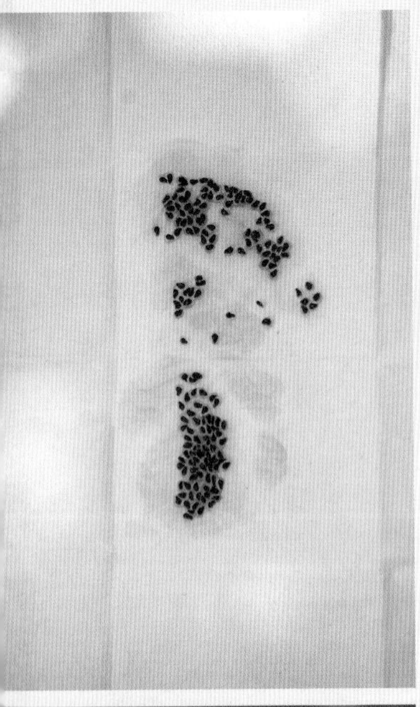

4 | 5
6 | 7

4. 风干种子。把筛选好的种子放在纸巾上摊开，放置一晚进行风干。

5. 放置气孔垫片。由于花盆气孔较大，容易漏土，需要在花盆底部气孔处垫置垫片或瓦片。

6. 在花盆底部垫置一层火山岩，目的是控水，防止浇水时积水导致植物烂根。

7. 垫置泥炭土，使之略低于花盆口，主要作用是提供植物生长所需的养分。

Tips：1. 出芽前每隔一天都要掀开保鲜膜用喷壶洒水。
2. 长出芽后，去掉覆盖在花盆上面的保鲜膜。
3. 根系怕积水，浇水原则见干见湿。

8	9
10	11

8. 放置模具，主要作用是提高盆栽的美观性。
9. 在模具外圈垫置鹿沼土，主要是为盆栽保湿并使盆栽美观。
10. 播种。将干燥的种子撒在泥土表面，并洒上少量水，使种子表面湿润。
11. 覆盖保鲜膜之后，把种植好的火龙果盆栽放在阳光充足的地方进行养护。

大种子的种植

以杧果种植为例。

杧果盆栽比较罕见，却是很不错的盆景植物。如何利用杧果种子在室内制作一个小盆栽？下面就来学学吧！

难度系数：★★☆

材料：杧果、粗火山岩、营养土

步骤

1	2
3	4

1. 选择成熟的杧果，去除果肉，将果核外面残余的黄色果肉都刮掉，清洗干净后放在阴凉的干燥通风处晾干。

2. 去除杧果核皮，取出种子。

3. 去除杧果种子膜时，可以用小刀轻轻刮掉，但一定小心不要伤到种子。

4. 浸泡杧果种子4~7天，使杂质彻底浸泡出来。在浸泡期间种子开始发芽，等种子变成黄绿色时就可以栽种了。

5	6	7
8		

5. 垫置一层粗火山岩即可。主要目的是控水，防止浇水时积水导致植物烂根。
6. 放置营养土。
7. 种植杧果种子，嫩芽一端朝上，根部朝下，种子芽端需高出基质土表面。
8. 铺上薄薄的一层麦饭石或其他小石子，浇水，使土壤和种子完全湿透。把种植好种子的盆栽移至间接阳光处，等待发芽。

Tips：1. 浸泡种子的时间不宜太长，4～7 天比较合适，浸泡时间过短种子不发芽，时间过长种子会被泡烂。
2. 杧果比较抗旱，尤其是在长出花芽后，更要让土壤保持偏干燥状态，而且环境也要偏干燥。
3. 杧果浇完水以后应放到阳台温暖通风的地方接受光照。正常情况下 5～7 天浇一次水。

掌握扦插

扦插也称插条，在园艺上称为插穗，是一种培育植物的常用繁殖方法。可以剪取植物的茎、叶、根、芽等，或插入土中、沙中，或浸泡在水中，等到生根后就可栽种，使之成为独立的新植株。

叶片扦插

从一片小小的叶子，长成一棵饱满鲜亮的成株，这个过程是怎样实现的呢？下面我们一起学习玉树叶片扦插技术。

难度系数：★★★

材料：玉树植物、花盆、蛭石、珍珠岩、枝剪、酒精、纸巾、托盘、铲子、保鲜膜

玉树：（学名：Crassula arborescens (Mill.) Willd.）是青锁龙属多浆肉质亚灌木，景天科。株高可达3米。茎干肉质，粗壮，干皮灰白，色浅，分枝多，小枝褐绿色，色深。叶肉质，卵圆形，叶片呈灰绿色。花期为春末夏初，筒状花直径约2厘米，白或淡粉色。玉树原产非洲南部，中国有引种栽培。玉树叶形奇特，如碧玉，繁花盛开时节，绿白相间，是盆栽的优良植物。

1. 剪刀用酒精进行杀菌。

步骤

2. 选老熟肥厚叶片，连带叶基剪下。

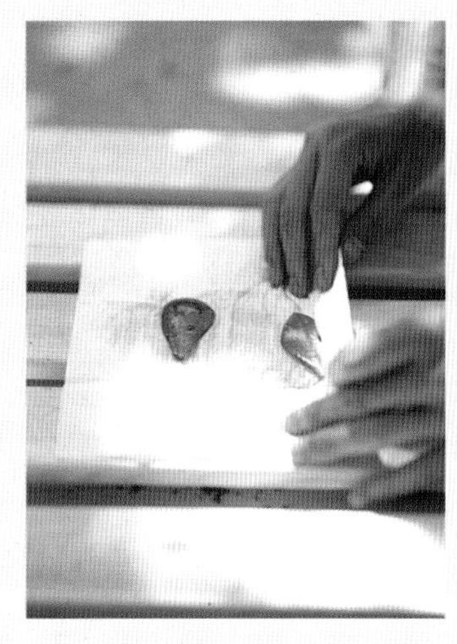

3. 处理叶片，把选好的扦插叶片放置阴凉处进行伤口风干，2～3 小时即可。

4. 配置扦插基质土，珍珠岩∶蛭石 =1∶1 混合。

5. 扦插基质土上盆，土的高度略低于盆口高度即可。

6. 覆膜，主要作用是保水、固定扦插叶片。

7. 制作扦插点，在膜中部开两条口，口的长度与扦插叶片最宽处相同。

8. 扦插叶片，叶插深度为叶片长度的 1/4～1/3。

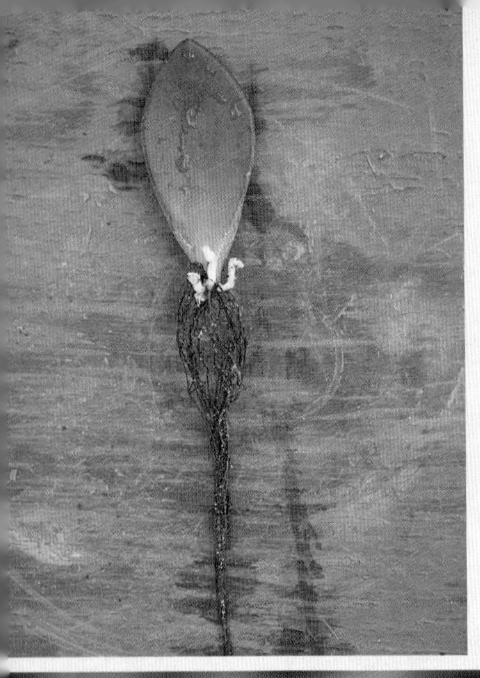

9 | 10

9. 扦插叶片生根。

10. 扦插叶片长芽。

Tips：1. 扦插叶片之后一定要加强对叶片的养护，控制好环境的温度、光照以及水分，由于玉树叶片含水量大，需要少浇水多喷水增加空气湿度，并将其放置在阴凉通风的地方，环境温度控制在20℃左右为宜。

2. 养护15天左右进行撤膜。

枝条扦插

月季枝条扦插是月季繁殖中最为常用的一种方法。月季花是观赏性很强的花卉，品种繁多，花样鲜艳缤纷美丽，是很多花友的独爱。下面来学学月季扦插技术。

难度系数：★★★★

材料：月季、花盆、蛭石、珍珠岩、枝剪、酒精、纸巾、托盘、铲子、保鲜膜

步骤

1. 枝剪用酒精进行杀菌。

2. 选择扦插枝条。应选择无病虫害、粗壮、健康的当年生枝条。

3. 枝条处理。在枝条底部以 45° 角斜剪，要求伤口平滑，剪出长度 6～8 厘米的枝条。扦插枝条进行杀菌浸泡，风干。

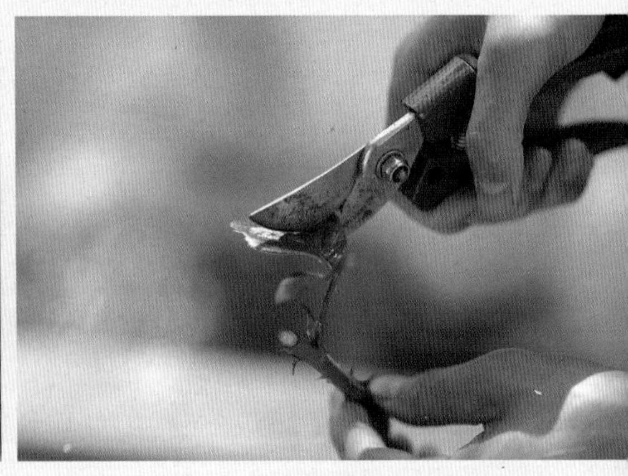

4. 叶片处理。扦插枝条留两片叶子，每片叶子剪一半。防止叶片过多过大导致水分蒸发量大，扦插枝条失水不成活。

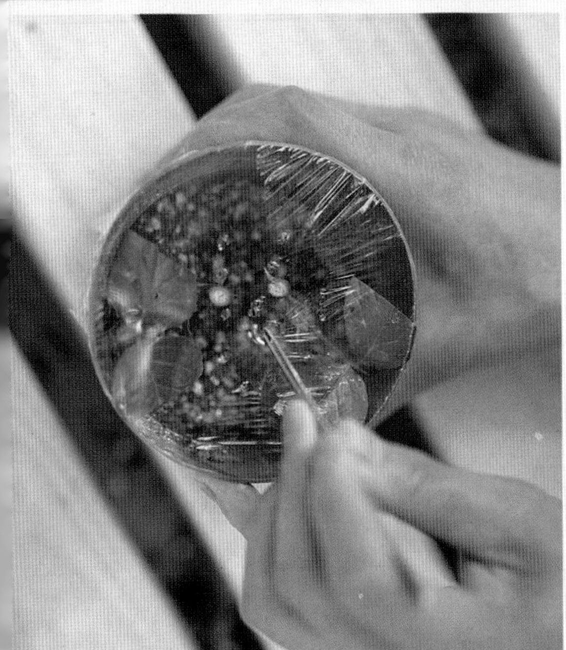

5	6	7
8		

5. 配置扦插基质土。珍珠岩：蛭石 =1：1 混合。

6. 扦插基质土上盆。装入 1/2 盆土。

7. 枝条扦插。叶片需在基质土上方，扦插深度约为 3 厘米。

8. 花盆覆膜，扎透气孔。冬季必须覆膜，保温保水，夏季不必覆膜，防止高温烧苗。

Tips：1. 月季扦插最好在春、秋两季进行。
2. 扦插前期浇水不宜太多，控制在 7～10 天一次。
3. 养护 15 天左右，进行撤膜。

设计多肉盆栽

多肉组合盆栽就是将多种观赏多肉植物栽植于同一花盆中，并加上适当的装饰物；或将多盆观赏植物聚集摆放在一起而组成一景，使之成为既有实用价值又有观赏价值的园艺作品。

多 肉 瓶 花

如何把中国文化融入多肉盆栽中？制作中国风的多肉盆栽成了许多“肉粉”的时尚潮流。“多肉瓶花”造型充满创意感，灵感来源于梅花盆景。

难度系数：★★★☆　　**植物材料：**罗密欧

辅材：轻石、细火山岩、营养土、气孔垫片、枝条、典雅小花瓶、竹板装饰物

步骤

1	2
3	4

1. 进行设计：在制作“多肉瓶花”盆栽之前先要进行初步设计。选择比例合适的曲形枝条，对选定枝条修剪出造型。

2. 垫置垫片，由于所选花盆气孔较大，为防止花盆气孔漏土，需在花盆底部气孔处垫置垫片或瓦片。

3. 在花盆底部垫置轻石，垫至花盆高度的1/3处，主要作用是控水，防止多肉植物因积水烂根。

4. 在轻石上垫置一层细火山岩作为隔层，完全覆盖住轻石即可，以防止营养土下渗，导致控水层失效。

5	6
7	8

5. 垫置营养土，高度根据设计需求来定，低于花盆口。主要作用是提供植物生长所需的养分。
6. 摆放所需的枝条和容器，搭建“多肉瓶花”主体构架。
7. 罗密欧去盆。用镊子沿花盆壁插入土中将多肉植物取出。
8. 去多肉植物的原土。保留原土的1/2，不宜去掉过多原土，避免伤根过重导致植物死亡。

9	10
11	12

9. 将多肉植物种植到曲形枝条上，种植位置根据呈现效果进行微调。

10. 铺黑石，上底色。

11. 自制文艺范儿竹牌放入花盆，为整体景观增色。

12. 作品完成。

Tips：1. 不能使用塑料、玻璃等材料盖住气孔，影响植物根系的透气。

2. 作品完成两天后再进行浇水，有利于根部伤口愈合。

3. 每7～10天浇一次水，浇水时应绕植物四周浇，避免浇到叶片上引起植物叶片腐烂。

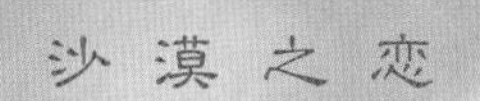

“沙漠之恋”盆栽是情景式多肉组合盆栽，创意来源于《山楂树之恋》影片宣传海报。

难度系数：★★★★☆　　**植物材料：**雅乐之舞、子持莲华、星乙女、大和锦、吹雪之松锦、虹之玉

辅材：轻石、细火山岩、营养土、彩沙、装饰物

步骤

1	2
3	4

1. 在花盆底部垫置一层轻石，主要作用是控水，防止积水导致植物烂根。

2. 轻石上垫置一层细火山岩，作为隔层，防止营养土下渗，导致控水层失效。

3. 垫置营养土，高度根据设计需求来定，略低于花盆口即可，主要作用是提供植物生长所需的养分。

4. 用镊子沿花盆壁插入土中将多肉植物拔出去盆。

Tips：1．作品完成两天后再进行浇水，有利于根部伤口愈合。
2．每7～10天围绕植物四周浇水，浇水时避免水溅到叶片上引起植物叶片腐烂。
3．夏季放在半阴半阳处养护，冬季放在阳光充足处养护。

5	6	
7	8	10
9		

5. 分株、去植物的原土。不宜去掉过多原土，以免伤根过重导致植物死亡。
6. 设计摆放植物。
7. 种植植物。种植位置选定后需要把植物周围的营养土压实，避免由于基质土疏松导致植物倒伏或植物根土干旱死亡。
8. 铺彩沙，上底色。
9. 摆放装饰物。
10. 作品完成。

设计植物微景观

植物微景观是通过创意将微缩了的园林景观、花园庭院的美丽风景融会在花盆的方寸之间的作品。下面介绍的每一个作品的背后都有一个有趣的故事。

植物微景观作品只有符合主题突出、疏密有致、色彩和谐且互有对比、整体平衡、层次分明、习性相近这六项设计原则，才称得上是好的作品。

杯中农场

创意来源于人们对田园生活的向往，植物、房屋、偶人的选取，使作品充满了乡村意趣。

难度系数：★★★　　**植物材料：**苔藓、幸福树、常春藤、罗汉松、红网纹草、绿网纹草

辅材：轻石、细火山岩、营养土、气孔垫片、装饰物

步骤

1	4
2	
3	

1. 放置气孔垫片，由于花盆气孔较大，容易漏土，需要在花盆底部气孔处垫置垫片或瓦片。

2. 在花盆底部垫置一层轻石。其主要作用是控水，防止积水导致植物烂根。

3. 垫置一层细火山岩，完全覆盖住轻石即可。作为隔层，细火山岩可防止因营养土下渗而导致控水层失效。

4. 垫置营养土，高度根据设计需求来定，略低于花盆口即可。主要作用是提供植物生长所需营养。

5. 分株、去植物的原土，保留原土的1/2即可。不宜去掉过多原土，以免伤根过重导致植物死亡。

6. 种植植物，铺苔藓。种植时需要把植物周围的基质土进行镇压，防止由于基质土疏松导致植物倒伏或植物根土干旱死亡。

7. 放置装饰物、玩偶等物品，按照自己的设计依次放置在合适的位置。

8. 作品完成。

Tips：1. 作品完成后应及时浇水。
2. 由于植物材料本身的习性，不要把它放在阳光直晒的地方。
3. 苔藓植物比较喜水，在未来的养护中，一天需喷水两次。

玻 璃 森 林

森林以它的原始地貌特征吸引着人们的目光，人们对它的神秘充满好奇和渴望而一心想要去探索它。让我们创造玻璃瓶中的森林，一起感受瓶中的美景。

难度系数：★★★★　**植物材料：**苔藓、钻石翡翠吊兰、罗汉松、红网纹草

辅材：轻石、细火山岩、营养土、装饰物

步骤

1. 在玻璃容器底部垫置一层轻石。主要作用是控水，防止积水导致植物烂根。

2. 垫置一层细火山岩，完全覆盖轻石即可。其主要作为隔层，防止因营养土下渗而导致控水层失效。

Tips：1. 作品完成后记得应及时浇水。
2. 由于植物材料本身的习性，不要把它放在阳光直晒的地方。
3. 苔藓植物比较喜水，应一天喷水两次以增加空气湿度。
4. 彩叶植物喜水，但由于玻璃容器没有气孔，需要控水。

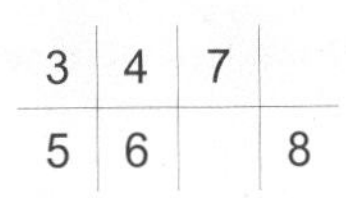

3. 垫置营养土，高度根据设计需求来定，主要作用是提供植物生长所需养分。

4. 分株、去植物的原土，保留原土的 1/2 即可。不宜去掉过多原土，以免伤根过重导致植物死亡。

5. 种植植物。种植时需要把植物周围的营养土进行镇压，避免由于基质土疏松导致植物倒伏或植物根土干旱死亡。

6. 铺置苔藓。苔藓铺完后用手进行压实，使苔藓与营养土完全接触，促进生根。

7. 放置装饰物。

8. 作品完成。

林间小憩

盆景源于中国，是中国优秀传统艺术之一，是以植物和山石为基本材料在盆内表现自然景观的艺术品。人们把盆景誉为“立体的画”和“无声的诗”。盆景一般有树桩盆景和山水盆景两大类。苔藓盆景属于山水盆景的一种。下面我们一起学习如何制作苔藓盆景。

难度系数：★★★★　　**植物材料：**苔藓、文竹

辅材：轻石、水苔土、营养土、高10厘米左右的山石、小和尚摆件

步骤

1	3
2	

1. 花盆底部垫置一层轻石，主要作用是控水，防止积水导致植物烂根。

2. 轻石上垫置一层水苔土，主要作用是控水和保水。

3. 文竹去盆、去土，但不宜去掉过多原土，应保留1/2原土，以免伤根过重导致植物死亡。

4	5
6	

4. 文竹修形。通过修剪造型使文竹枝叶层次分明，高低有序。

5. 文竹种植。种植时需要把植物周围的营养土进行镇压，避免由于基质土疏松导致植物倒伏或植物根土干旱死亡。

6. 山石位置摆放及固定。山石摆放位置需根据盆景的整体景观平衡来选定。

	7
8	9

7. 苔藓铺置。苔藓铺完后用手进行镇压，使苔藓与营养土完全接触，促进生根。
8. 摆放小和尚摆件，使苔藓盆景凸显中国韵味。
9. 作品完成。

Tips：1. 文竹适合在温暖湿润、富含腐殖质、排水良好的土壤中生长。
2. 文竹怕烟尘，若遇到有毒气体，则枝叶易发黄。养护时应注意将其放在清洁的环境中。
3. 苔藓植物喜湿，一天需两次喷水。

植物养护

著名作家老舍分享过他的养花心得："尽管花草自己会奋斗，我若置之不理，任其自生自灭，它们多数还是会死了的。我得天天照管它们，像好朋友似的关切它们。一来二去，我摸着一些门道：有的喜阴，就别放在太阳地里；有的喜干，就别多浇水。"这一番话很浅显，但道出了养护植物的精髓。

光：通过光合作用制造有机物为植物生长发育提供物质和能量，光照是植物进行光合作用的基础，影响着植物在光合作用过程中同化力形成、酶活化、气孔开放等。

阳性花卉：喜阳光，如向日葵、月季、石榴、梅花、三色堇、半枝莲等。

中性花卉：对光需求不严。如茉莉、桂花、地锦等。

阴性花卉：如文竹、龟背竹、绿萝、橡皮树、竹芋类、玉簪等。

养护要点：1．根据植物需光性决定养护位置。2．夏季，所有植物尽量避免直晒；冬季，植物尽量放置在阳光充足处。

温度：各种植物的生长、发育都要求有一定的温度条件，植物的生长和繁殖要在一定的温度范围内进行。

耐寒花卉：能忍受 -20℃左右的低温，如迎春、玉簪、丁香、萱草、紫藤等。

半耐寒花卉：能忍受 -5℃左右的低温，如郁金香、月季、菊花、石榴、芍药等。

不耐寒花卉：如文竹、一叶兰、鹤望兰、变叶木、扶桑、马蹄莲、白兰及多肉植物等。

养护要点：最低与最高温度之间有一个最适温度范围，在最适温度范围内植物生长繁殖得最好。

水：水分是植物体的重要组成部分。一般植物体内都含有60%～80%甚至90%以上的水分。植物对营养物质的吸收和运输，以及光合、呼吸、蒸腾等生理作用，都必须有水分参与才能进行。

喜水植物：怕干旱、怕缺水，如铜钱草、榕树、茶花、白鹤芋、绿萝等。

喜旱植物：怕水多、怕积水，如君子兰、四季海棠、多肉植物类等。

养护要点：1．注意水质：雨水最理想，其次是河水和池塘水。牢记：不能用洗碗水或带洗衣粉的水，自来水要晾一天再用，使水中氯气充分挥发。

2．注意水温：不要骤冷骤热。

3．水量：春多，宜午浇；夏足，宜早晚浇；秋天少浇；冬天依据盆的干湿，隔几天浇一次。

肥：是指提供一种或一种以上植物必需的营养元素，改善土壤性质、提高土壤肥力水平的一类物质，是农业生产的物质基础之一。

肥料分类：磷酸铵类肥料、大量元素水溶性肥料、中量元素肥料、生物肥料、有机肥料、多维场能浓缩有机肥等。

养护要点：1．施肥时间为一个月两次最好，施肥原则为多次少量。

2．使用肥料：根据植物需求使用适当肥料种类；根据植物生长阶段使用适当肥料种类。

3．可自制肥料：如蔬菜酵素、淘米水、鸡蛋皮、花生皮、纸灰等。

休闲花艺篇

花是大自然的精灵。花艺，也常称为插花，指通过一定技术手法，将花材（花朵、果、叶、枝等）排列组合使其变得更加赏心悦目，表现一种意境，形成花的独特语言，让观赏者解读与感悟。花艺会让你因为多彩的花色搭配、多变的质感组合、巧妙的创作过程而深深地爱上它，进而从中体验生命的真实与灿烂，感受情感的真切，体会生活的美好。

本篇通过图配文的形式，以各种绚丽的花卉，多种辅助器具，基本的创作原理，简单的作品范例，带你走进插花的艺术世界。

识 花 认 器

洋甘菊

多头蔷薇

洋桔梗

蝴蝶兰

千代兰

木绣球

郁金香
黄金球

马蹄莲

肥皂花

小飞燕

翠珠

桔梗

蓝盆花

绣球

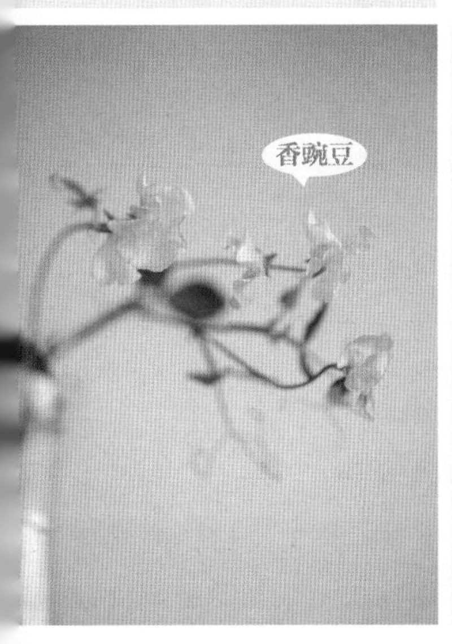
香豌豆

藿香蓟

风车菊

火龙珠
商陆
巴西木叶
常春藤
一叶兰

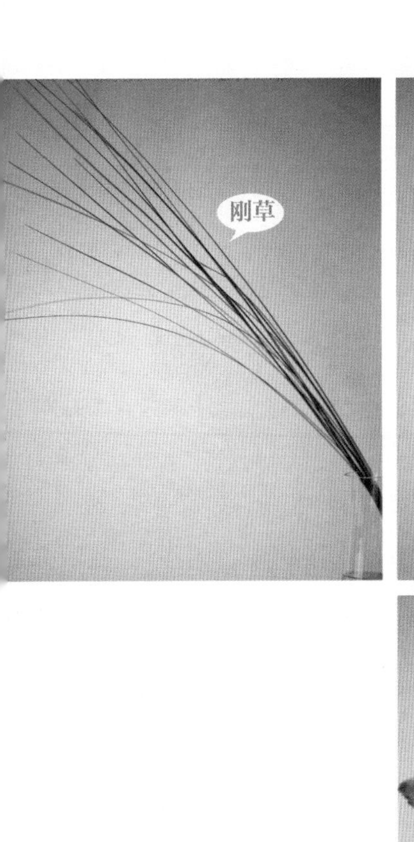
刚草

龙柳

小圆叶尤加利

银叶菊

大圆叶尤加利

认器

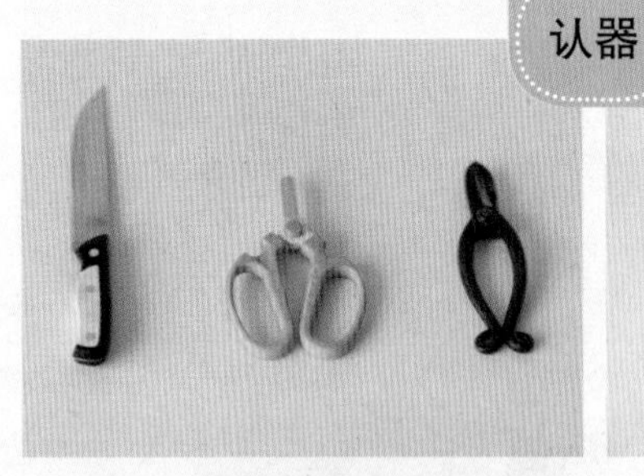

花泥刀：切割花泥。

剪刀：修剪花枝、丝带。

拉菲草、丝带：用于捆绑、装饰等。

去刺钳：用于去除玫瑰茎上的刺。

环形花泥、长方形花泥：用于花材补水、固定插花材料。

绿铁丝、银铁丝：用于支撑或变形花材。

吸水棉：用于花束保水等。

绿胶带、双面胶：用于绑扎、粘贴等。

包装纸：用于包装花束。

箭筒：用于盛水、保鲜花材。

容器：不同造型、不同材质的容器，可以搭配、创造出不同风格的花艺作品，装饰不同的环境。

小知识

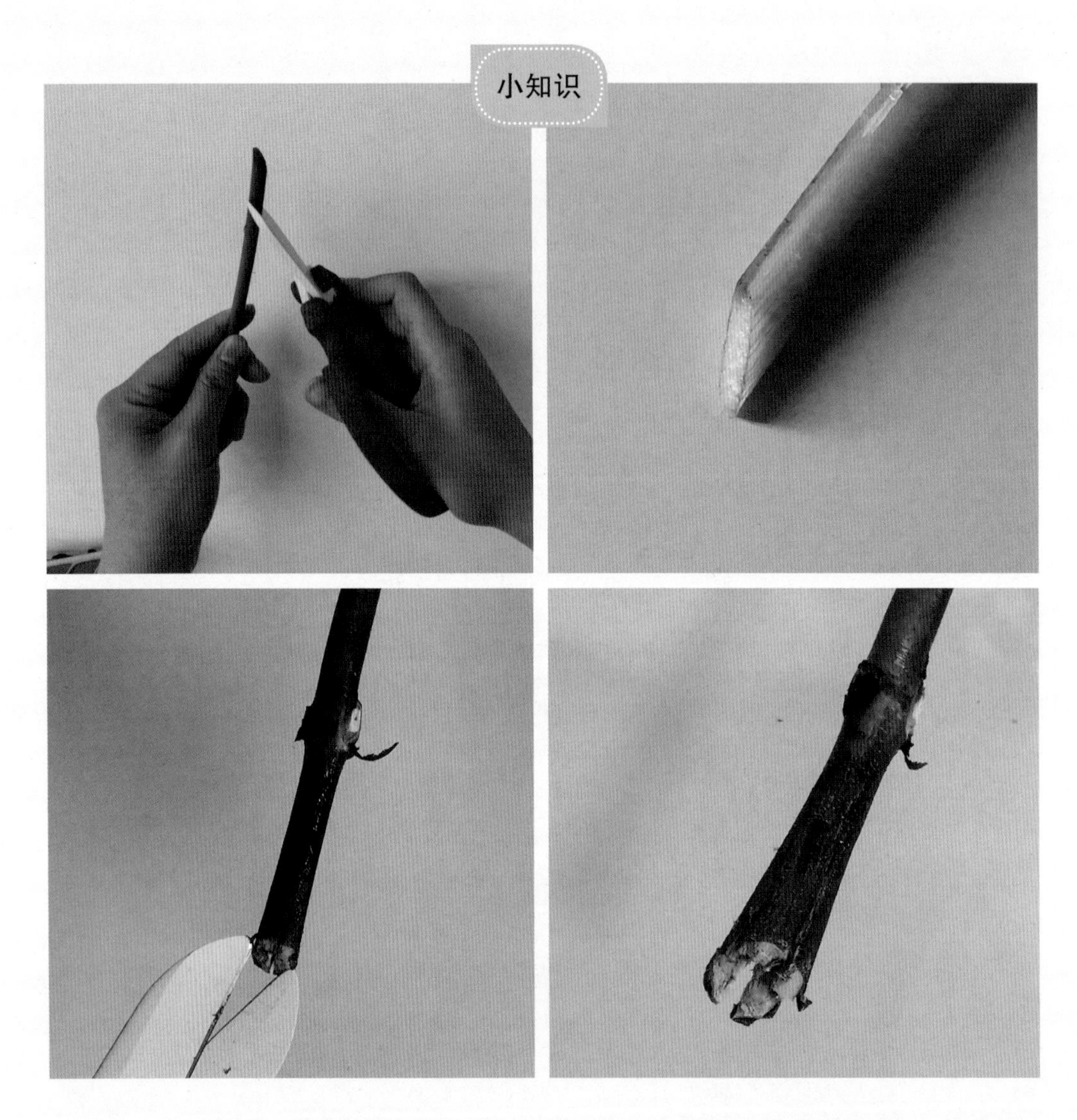

1. **修枝：**为及时给购回的花材补充水分，在浸泡清水前，要对花材根部重新剪切斜口，使花材吸水通畅。

草本植物：将植物根部用花刀或剪刀以 45°斜剪的方式进行剪切，保持伤口平滑完整。

木本植物：将植物根部剪出“十”字切口。

2. **花材的特殊处理：**（1）对于玫瑰，应用去刺钳去刺。处理时注意勿损伤花材茎部。
（2）对于百合，应在散粉前摘除花药。
（3）对于多浆植物：高山积雪、叶上黄金等伤口处有白色浆液，有轻微毒性，易引起过敏反应，处理后应及时洗手。
3. **螺旋法：**制作花束时，选取一支直立花材放于左手手掌中作为螺旋中心，右手依次沿同一方向倾斜加入花材，使花材呈螺旋式排列，边加花材边调整。此方法便于增减、调整花材。
4. **泡花泥：**花泥轻放于水面，自然吸水后下沉，待花泥完全吸满水后备用。
5. **花材保鲜：**容器保持干净，勤换水。插入水中的部分茎干要修剪干净，去掉多余的叶子。

亲子花艺

让鲜花伴你度过温馨的亲子时光。在钢铁水泥的城市间，花艺成为孩子与自然之间的纽带，增加了孩子们在室内与自然亲近的机会，制作的过程也锻炼了孩子的动手能力。家长与孩子一起设计制作，共同与花对话的过程，更增进了情感的交流。

儿童花饰

用鲜花制作头环、手腕花，烘托欢快的节日气氛。

难度系数：★★★★　　**花材：**龙柳、常春藤、多头蔷薇、多头康乃馨

辅材：绿铁丝　　**常春藤的花语：**友谊长存

步骤

1. 将龙柳编制成大小适当的圆环，用绿铁丝固定。

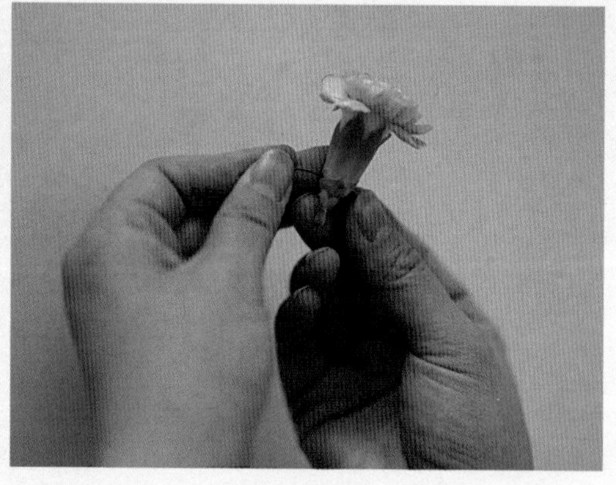

2. 将绿铁丝横穿过康乃馨的下部，并向下弯折成倒 U 形。

3. 用铁丝将康乃馨缠绕固定，将其他花材用上述方式处理备用。

4. 将龙柳圆环的 3/4 部分均用铁丝处理好的花材缠绕固定。

5. 将龙柳圆环剩余的 1/4 部分用常春藤缠绕。

Tips：将缠绕的铁丝末端剪短处理好，以免把人划伤。

6. 作品完成。

迷你冰激凌

看着小小“冰激凌”秀色可餐，炎热的夏天也变得清凉起来。

难度系数：★★　　**花材：**乒乓球菊、风车菊、尤加利、巴西木叶

辅材：冰激凌勺子、玻璃容器　　**乒乓球菊的花语：**圆满

步骤

1. 在玻璃容器中，垫一层巴西木叶，再将切割好的花泥加入其中，花泥稍高于容器上沿。

2. 在花泥中心部分，插入3枝不同颜色的乒乓球菊。

3. 在空隙处插入尤加利，遮挡花泥。

4. 中间加入风车菊，加以点缀。

5. 最后给你的冰激凌加个勺子吧。

多彩的小鸡

咯咯咯……起床啦！卡通小鸡容器，搭配明快的黄色蔷薇，趣味十足！

难度系数：★★★　　**花材：**多头蔷薇、洋甘菊、火龙珠、肥皂花、尤加利

辅材：卡通小鸡花器　　**洋甘菊的花语：**越挫越勇　　**肥皂花的花语：**净化

步骤

1 | 2
3

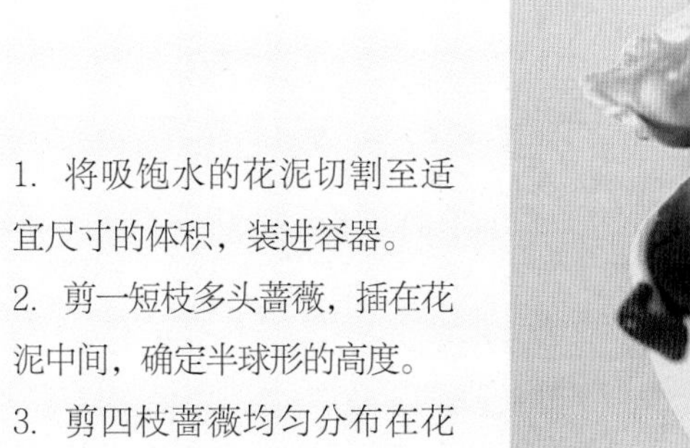

1. 将吸饱水的花泥切割至适宜尺寸的体积，装进容器。

2. 剪一短枝多头蔷薇，插在花泥中间，确定半球形的高度。

3. 剪四枝蔷薇均匀分布在花泥表面，确定半球形的底边。

4	5
6	

4. 在蔷薇花间适当加入高低不等的尤加利。

5. 继续在空隙处加入火龙珠、洋甘菊、肥皂花，使作品颜色更加丰富，半球形更加饱满。

6. 调整花枝，完成作品。

Tips：制作亲子花艺作品，可选用各种自己喜欢的卡通容器。

童趣时光

几支多彩的蜡笔，几朵绚丽的蔷薇花，这样的奇妙组合，使作品充满童趣，小小的创意就能为我们的生活平添善良与纯真。

难度系数：★★★　　**花材：**多头蔷薇、绿石竹

辅材：蜡笔、系绳　　**蔷薇的花语：**永恒的爱

步骤

1	2
3	

1. 把切割好的花泥放进一次性纸杯中，按一定颜色顺序把蜡笔贴在纸杯外面。
2. 粘好蜡笔后，用绳系好。
3. 插入一枝橙色多头蔷薇，以此确定半球形高度。

Tips：还可以用吸管、铅笔等做配饰，也可以选用其他类似花材。

4	5
6	

4. 围绕第一枝橙色多头蔷薇，在花泥上继续倾斜插入四枝多头蔷薇，长度稍短于第一枝。

5. 在空隙处插入黄色多头蔷薇、绿石竹，丰富作品色彩。

6. 完成作品。

勤劳的小蜜蜂

蜜蜂是人类的好朋友，小蜜蜂让你的游戏乐园充满自然的芬芳气息。来吧，小蜜蜂，让我们一起玩耍吧！

难度系数：★★★

花材：黄金球、小飞燕、绿石竹

辅材：小木屋、玻璃保水纸、花泥、黑色皮筋、铁丝、黑塑料绳、黑纸及白纸

小飞燕的花语：自由、清雅

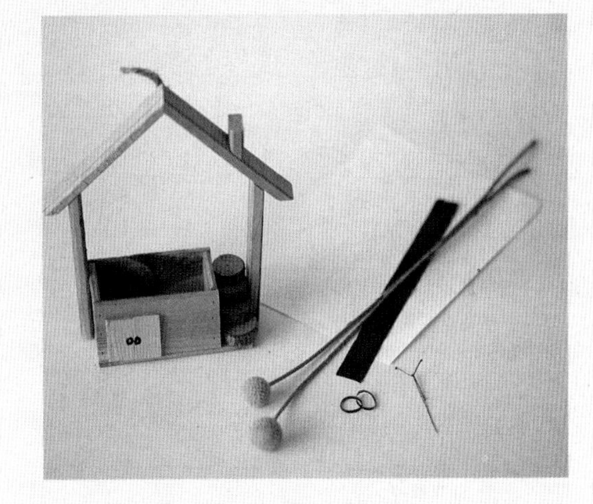

步骤

1. 用铁丝连接两个黄金球，作为蜜蜂的身体。

2. 用黑色皮筋装饰身体。

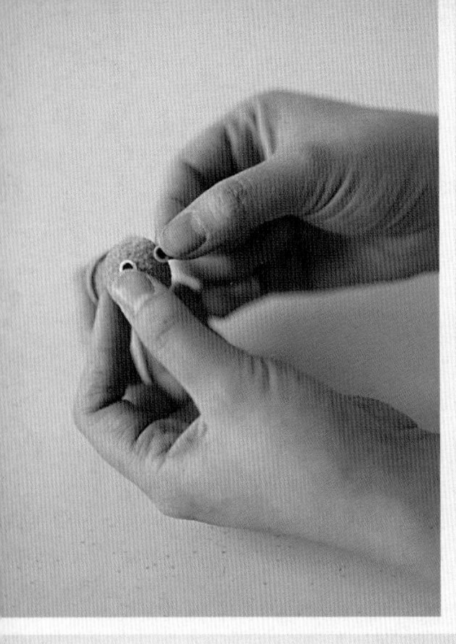

3	4	5
6	7	

3. 白纸、黑纸分别剪成大小不一的圆形，贴在一起，作为蜜蜂的眼睛。
4. 将黑塑料绳两头打结，系在绿铁丝上，作为蜜蜂的触角，蜜蜂制作完成。
5. 在小木屋里垫好玻璃保水纸，再放入吸饱水的花泥。
6. 在花泥上均匀插满绿石竹。
7. 高低错落着加入小飞燕和制作好的小蜜蜂，完成作品。

居家花艺

红红火火

将深浅不一、花形丰富的红色切花组合在一起，给人以热烈、喜庆的感觉，加上春节红包或中国结等装饰，将是春节家居一抹亮丽的风景。

让鲜花为你的居家生活增添色彩。拾起美丽的花材，配合简单的器皿，再加一些小小的创意，将自己对花、对自然、对家的理解融入其中，创作出属于自己的居家花艺。让家的角角落落被鲜花装点，让我们生活的每一天都花香四溢，充满朝气。

难度系数：★★★★★ **花材：**红玫瑰、红瑞木、红色马蹄莲、红色郁金香、红色千代兰、风车菊
辅材：红包、金色花盒、玻璃保水纸、花泥 **红色郁金香的花语：**爱的宣言、喜悦、热爱
马蹄莲的花语：热情、吉祥如意

步骤

1	2	3	5
		4	6

1. 填装花泥：先垫好玻璃保水纸，再将吸饱水的花泥切割成适当大小，平铺于花盒中。
2. 剪取红瑞木枝条，以[容器(宽+高)×2.5-3]倍确定高度，插入红瑞木。
3. 围绕花盒外围，平铺插入一圈深红色玫瑰花，增加基部设计。
4. 在红瑞木中间偏下的位置，稍向前倾斜，高低错落地插入三枝红色马蹄莲，形成焦点部分。
5. 在红瑞木之间穿插加入浅红玫瑰，丰富主体结构，使红瑞木组群更加柔和。
6. 在马蹄莲焦点区与红瑞木主体之间加入一组红色郁金香，自然过渡并丰富焦点部分。

7. 加入风车菊及深红色千代兰作为点缀，填充空间，使整体空间有一定连续性。

8. 完成作品。

Tips：记得向花泥里补水。

团团圆圆

端午时节，在家人团聚之时，用给人清凉之感的花艺作品进行装饰。花香伴粽香，祈愿一家人甜蜜、幸福、安康。

难度系数：★★★★　**花材：**玫瑰、蝴蝶兰、黄金球、洋桔梗、绿石竹、香豌豆

蝴蝶兰的花语：幸福的来临　**黄金球的花语：**永远的幸福

步骤

1. 准备一个吸满水的环形花泥。

2. 剪三枝玫瑰，呈不等边三角形插置于环形花泥上。

3. 在玫瑰间，插入蝴蝶兰，增加空间层次感。

4. 在蝴蝶兰间加入黄金球。

5. 继续插入绿石竹、洋桔梗、香豌豆，填充花间的空隙。

6. 作品完成。

Tips：制作餐桌旁花艺作品时，不能选用香味过浓的花材。这个作品中花材的选取，旨在清凉和谐的感觉。

蔬果奇缘

健康美味的瓜果不仅可以吃，还能组合成有趣的花艺作品，点缀我们的餐桌，增添生活的情趣。

难度系数：★★★★　　**花材：**康乃馨、蝴蝶兰

辅材：豇豆、胡萝卜、秋葵、南瓜、樱桃萝卜、迷你凤梨

步骤

	1
2	3

1. 将豇豆编卷成圆环，放在盘子里。
2. 切割适当大小的花泥置于豇豆中间。
3. 在花泥与豇豆之间，按顺序分组加入秋葵和胡萝卜。

4. 在作品中间偏后的地方放上南瓜，在花泥中间稍偏右处，倾斜插入迷你凤梨。

5. 用樱桃萝卜填充南瓜与秋葵、凤梨与胡萝卜之间的空隙。

6. 在作品中间前部紧凑地插入三朵康乃馨，高度稍高于胡萝卜。

7. 在康乃馨后部点缀蝴蝶兰，高度高于南瓜。

Tips：这个作品告诉我们，蔬果也可以创意无限，快开启你的想象空间，设计蔬菜花艺作品吧！

8. 作品完成。

红 酒 派 对

使用吸管制作网格架构，置于多个酒杯表面，采用浪漫的粉紫色系花材完成花艺作品，装点你的红酒派对，营造浪漫温馨的氛围。

难度系数：★★★★★　　**花材：**玫瑰、相思梅、小仙羽、绣球、桔梗、蓝盆花

辅材：吸管、银铁丝、酒杯　　**绣球的花语：**希望、美满、团聚　　**桔梗的花语：**永恒的爱

步骤

1. 将酒杯摆放整齐，加入清水。

2. 将彩色吸管用银铁丝交叉缠绕固定，形成吸管网格。

3	4	5	6
	7		8

3. 不断交错着添加吸管，使网格更加密集。
4. 将绣球分开置于吸管网格中，确定绣球根部吸到水。
5. 分组加入两种颜色的玫瑰。
6. 在空隙处分组加入相思梅。
7. 再分组加入小仙羽叶、桔梗、蓝盆花花苞，增加作品层次感。
8. 作品完成。

Tips：确保所有的花材能吸到水。

开 卷 识 香

本作品独具匠心的设计，在于用一叶兰重复排列组合在一起装饰容器，再以清新、雅致的蝴蝶兰点缀其中，阵阵的幽香萦绕在书架间，别有一番趣味。

难度系数： ★★★★★

花材： 一叶兰、蝴蝶兰、木绣球

辅材： 矿泉水瓶、铁丝、双面胶、胶条

一叶兰的花语： 独一无二的你

步骤

	1
	2
3	

1. 剪取 4 个矿泉水瓶，穿孔后用铁丝连接。

2. 在瓶口处粘贴透明胶条，成网格状，便于插花时固定花材位置。

3. 在 4 个矿泉水瓶中各加入 1 枝木绣球。

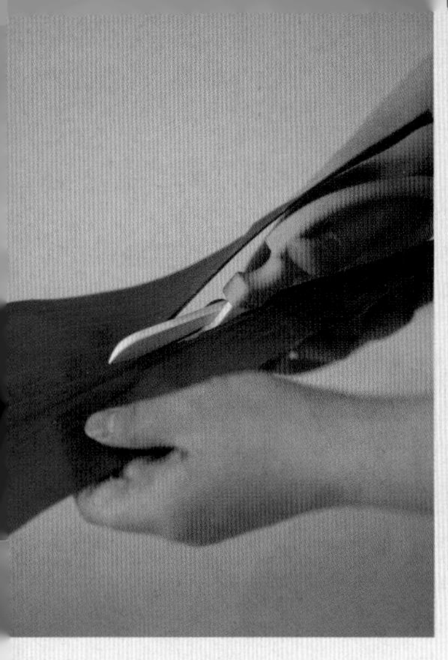

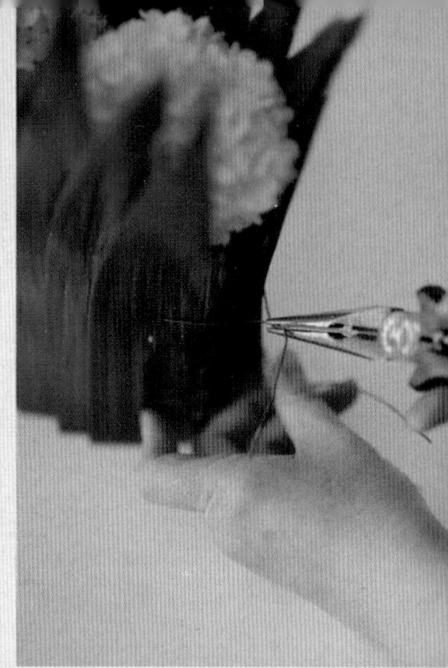

4 | 5 | 6

4. 将一叶兰从中间剪开，分两组备用。

5. 留取适当高度，将一叶兰对折，用铁丝将两组一叶兰分别串联。

6. 并将串联两组一叶兰的铁丝缠绕固定。

Tips：用广口容器做瓶插时，可用透明胶条粘贴成网格，便于花枝固定。

7	8

7. 剪取两枝蝴蝶兰。
8. 将蝴蝶兰高低错落地插入中间的瓶内，完成作品。

花礼传情

让鲜花助你传递情感，浓浓情意沁人心田。在一些特殊的日子里，若你正千方百计地想要增加仪式感，心动之时，不如以花为媒，将自己的情感与祝福融入到花礼中，用花带去你的祝福，用花送去你的心意，花情花语沁人心田。

悦动青春

伴着跳动的尤加利叶、充满青春活力的粉色系自然风格花束，送给年轻的亲人、朋友，分享喜悦与感动。

难度系数：★★★★★　　**花材：**玫瑰、尤加利叶、风车菊、波斯菊、香豌豆、洋桔梗

辅材：拉菲草　　**波斯菊的花语：**自由、爽朗，永远快乐

步骤

1. 选取3枝玫瑰作为主花，用螺旋的方法加入，作为花束的中心区域。

2. 沿螺旋方向，把两枝尤加利叶分别加入中心玫瑰两侧，确定长椭圆花束左右的长度。

3. 围绕中心点，顺着螺旋方向继续加入花材，形成后高前低的弧面，突出焦点花。

4. 一边制作，一边进行调整，使主花玫瑰与其他配花、配叶高低错落、自然分布，整体保持长椭圆的轮廓。

5. 用拉菲草在手握点处捆绑打结。

6. 将下部花枝剪齐，完成手捧花作品。

当然也可以不用拉菲草捆绑，而是用绵纸和丝带包装花束，很漂亮不是！

步骤

1. 把玻璃保水纸平铺在桌面上，然后将浸湿的吸水棉放在保水纸的中心位置。再把做好的四面观花束放在吸水棉上面。

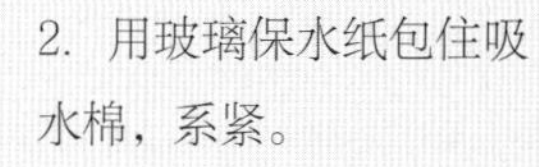

2. 用玻璃保水纸包住吸水棉，系紧。

3	4	6
5		

3. 将3或4张白色绵纸对折，边角向上，附在花束周围，并系紧。
4. 将包装纸错角对折，逐个添加，整体保持后高前低，充分展示出花束中的花。
5. 搭配丝带结，加以装饰。
6. 调整包装，完成作品。

田园春色

春天来了，我们提着装满春花、载着情谊的编织提篮去聚会吧。

清新柔美的淡粉色，自然优美的植物线条，看那优雅的商陆花时而向上随风摇曳，时而向下低吟浅唱，为我们的聚会时光增添了别样的趣味。

难度系数：★★★★　**花材：**商陆、玫瑰、火龙珠、矢车菊、绿石竹、香豌豆

辅材：花篮、玻璃保水纸、花泥　**粉玫瑰的花语：**喜欢你那灿烂的笑容

矢车菊的花语：遇见幸福

步骤

1. 在花篮中垫入玻璃保水纸，将花泥切割成与花篮相配大小并放入花篮中。

2. 选3枝粉色玫瑰，呈不等边三角形插入花篮偏左侧的焦点位置，玫瑰略高于花篮上檐。

1
2

3. 选取两枝姿态优美的商陆，插入篮的两侧，成左高右低的弯月形，勾勒出花篮作品的整体轮廓。

4. 在商陆旁边，加入稍短一些的矢车菊，使轮廓和焦点处恰当过渡。

5. 在作品空隙处加入火龙珠、香豌豆、绿石竹，使花篮更加饱满。

Tips：1. 花泥要切割成与花篮大小相配，使其既能放进容器里，又不会来回晃动。
2. 花篮中加入玻璃保水纸，确保不会漏水。

6. 完成作品。

浓 情 四 溢

粉色康乃馨常用来祝母亲永远年轻美丽，红色玫瑰代表着对母亲浓浓的爱。各色小花增加花盒的质感和层次。

这款鲜花礼盒装满了对母亲浓浓的爱和暖暖的祝福，是送给母亲的绝佳礼物。

难度系数：★★★　　**花材：**玫瑰、康乃馨、多头蔷薇、千代兰、尤加利、非洲菊

辅材：香水礼盒、花泥、玻璃保水纸　　**康乃馨的花语：**母爱之花、温馨的祝福

步骤

1. 在盒里加入玻璃保水纸，放入吸饱水的花泥，花泥高度为花盒高度的一半。

2. 放入香水小礼盒，后边垫入少量花泥作支撑，使香水稍稍倾斜。

3. 围绕香水小礼盒，以组群形式插入三组红色玫瑰花，形成不等边三角形。

4. 在大的空隙处插入两组粉色康乃馨，突出母亲节花礼主题。

5. 用多头蔷薇、千代兰、非洲菊填充空隙，丰富作品色彩。

6. 插入高低错落的尤加利，增加花艺礼盒的灵动性，完成作品。

Tips：花枝下部剪斜口，增加吸水面积且可更容易固定。

时尚压花篇

人们将对生活品质的更高追求诉诸花艺，在与花的对话中感受自然，亲近自然。作为花艺的延伸，压花可以将植物天然的形态、原生的色泽、奇妙的纹理等自然的美恒久地定格在艺术作品中，演绎一种特别的意境和韵味。

“压花”一词源于英文的Pressed Flower，也叫平面干燥花。压花就是利用不同的压花工具，将植物材料经脱水、保色、压制和干燥等科学工艺处理而成为平面花材的过程。

压花不需要非常昂贵的花材，路边随手采撷的几朵小花，几片绿叶，压制后拼贴在一起，就能把枯燥的生活点缀得多姿多彩。因为每一种花草都有其独特的气质，压花的魅力就在于与充满灵气的植物对话，将细致的手工融入创作过程，定格与一朵花的相遇，记录感悟的瞬间，每一件作品的呈现都是独特的、唯一的。

“时尚压花篇”将带你走进赏心悦目的压花世界，学习如何将立体的花草压制成平面的干燥花，并通过图解的方式介绍一些压花用品的制作方法，让生活细节与花草相融。

快来跟我一起开启多姿多彩的压花之旅吧！

准 备 工 具

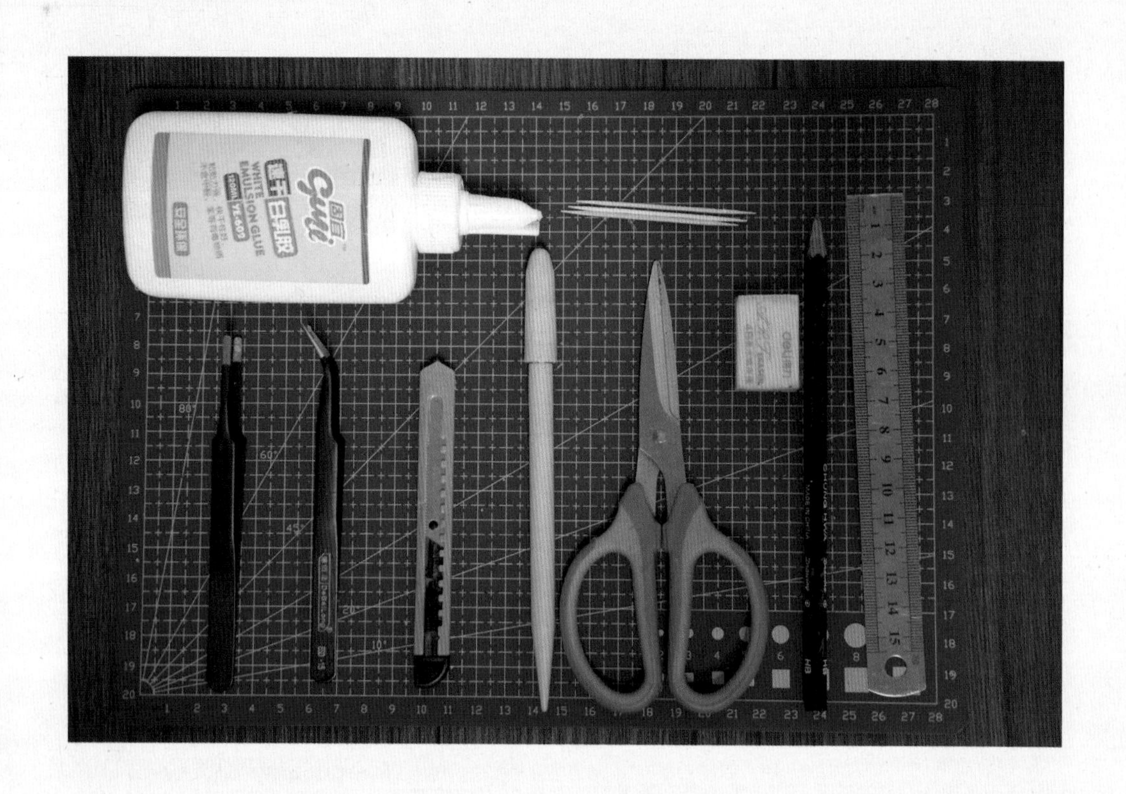

白乳胶、牙签：用于粘贴花材。

镊子：用于夹取花材。

美工刀、刻刀、垫板：用于裁切纸张，切割厚花材和分割花枝。

剪子：用于剪裁纸张，采摘花材，修剪花材。

铅笔、橡皮、直尺：用于描画底图。

干燥板压花器：用于压制一般花材、叶材。

微波压花器：用于压制较厚花材。

微波炉：用于还原干燥板。

塑封机及塑封膜：用于塑封压花作品。

硫酸纸及密封袋：用于保存干燥花材。

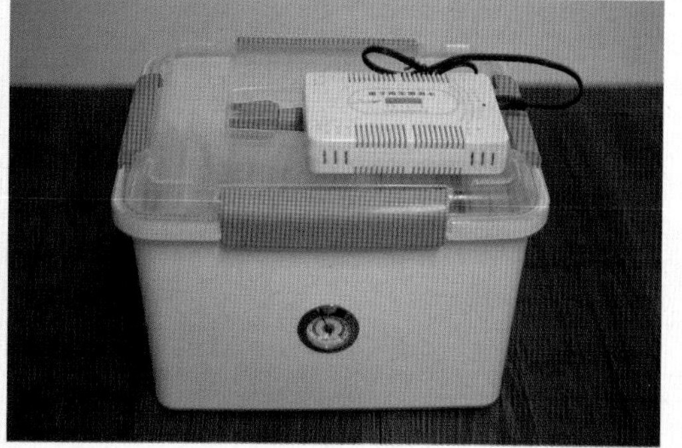

密封箱：将装入密封袋的干燥花材放入密封箱，用于防潮、防虫。

电子除湿器：用于吸湿、除潮。

各色卡纸：用于压花作品背景，或压花作品的辅材。

冷裱膜、丝光膜：用于封裱压花作品。

铝箔背胶纸：用于相框装饰画的密封。

干燥板、脱氧剂：用于密封相框装饰画、防潮。

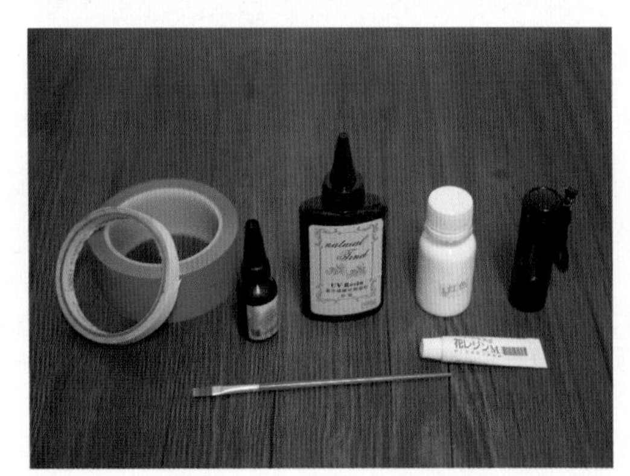

双面胶：用于粘贴纸张、花材。

蓝色胶带：用于金属框压花饰品的制作。

无影胶、UV 胶：用于压花饰品的制作。

MOD 胶：用于压花蜡烛的制作。

紫外线灯：用于制作压花饰品时烤干胶液。

软毛笔：用于刷胶。

树脂胶：用于粘贴花材。

压制花材

（一）花材的压制方法

选择刚刚盛开的新鲜花朵马上压制是最好的，会比那些开放了一段时间后的花朵能更好地保持原有色彩。如果是在室外采集野花没有条件马上进行压制时，最好带上密封袋，并在里面放一些湿纸巾保湿。

花的形态多样，压花时最好将含苞待放、半开、盛开几种形态都兼顾，这样可以为后面的创作留出更大的发挥空间。

1. 较小且薄的花朵：

（1）花枝比较密集时，可以将侧枝剪下单独压制。

（2）选择盛开的状态好的整朵花从花托处单独剪下。

（3）保留花的丰富的形态，要有正面压、侧面压，含苞待放和半开的花朵连着花茎压等形态一起进行压制。

2. 朵大且厚重的花：
（1）将花瓣从花托处分离。
（2）将分解的花瓣依次排列。

3. 花茎较粗的花材：
（1）将花茎纵向剖开，剖切到花苞根部后切掉一半花茎，并且刮除里面的输导组织，只留表皮。
（2）花瓣较厚的，可以用刀制造伤痕或用砂纸刮擦背面，以便于花瓣尽快脱水。

4. 花朵非常密集的：
像绣球花这样多分支、密集开放的花朵，要将每朵花都从花茎上分离，单独压制。

5. 叶材的压制：可以将一些叶片摘下单独压，同时也要有一些带枝侧压，保留不同形态。

（二）压花板的使用方法

1. 如图所示上下层次顺序，将处理好的花材和叶材压在其中。

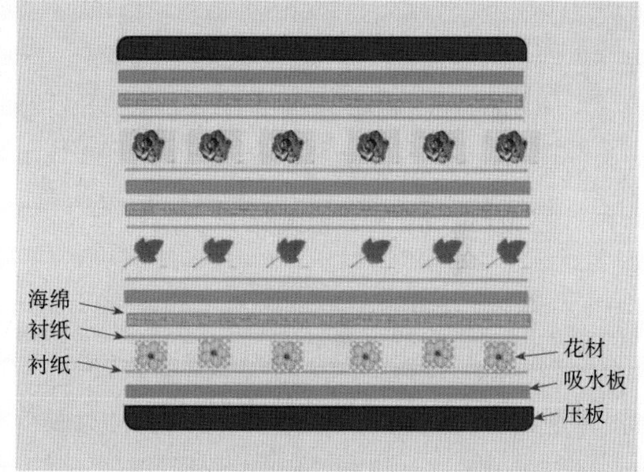

2. 将上下压板夹好，用绑带捆紧后放入密封袋中。上面可以压上重物而使花材压得更平整。

3. 干燥板使用后会因湿度增大而变软，此时要放到微波炉中加热进行还原，视湿度的不同，一般高火 40 秒到 1 分钟，拿出感觉变得干燥且硬挺就可以了。放入微波炉内时，下面垫一个盘子（不要用平盘），来承接加热时散发的水汽。

（三）花材的保存

一般的花材压制 1～2 天即可干燥，较厚的花材 1～2 天没有完全干燥也要及时更换干燥板，这样更利于花材的保色。用镊子夹起花材，观察花材保持挺直，说明完全干燥好了。如果花材一端略下垂，说明还没有完全干燥好，需要放回压花板继续干燥。

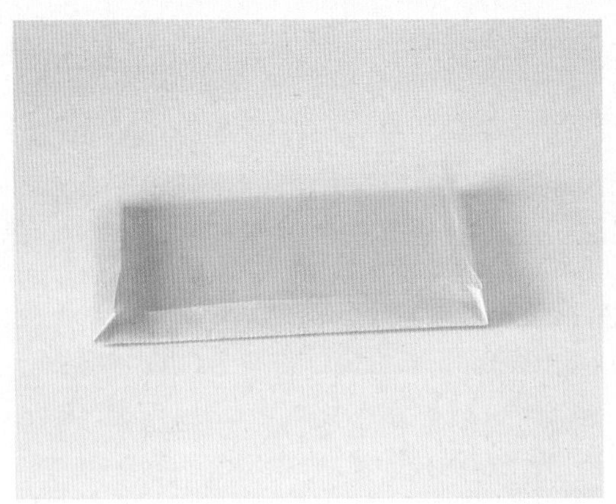

1. 将长方形硫酸纸对折后，再将另外三边分别翻折 2 厘米左右，做成硫酸纸袋。

2. 打开硫酸纸，将花材夹入其中，注意不要放太多太厚。

3. 将夹好花材的硫酸纸袋和一张吸水性好的干燥纸一同放入密封袋，再将密封袋放入密封箱中保存。

花之密语

借花寄语，托物寄情。巧手的你，可将无限创意，通过万紫千红的花材与不同媒介的结合，创作出熠熠生辉的作品。

书卷藏花
——压花书签

寸心原不大，容得许多香。

藏于书卷中的压花书签，生动而精致，是不是能勾起你曾经将落叶夹入书中小心珍藏的美好回忆呢?

难度系数：★★☆

材料与工具：1- 风船葛；
2- 黄色唐松芽；3- 小水仙花；
4- 跳舞花；5- 双色卡纸；
6- 白乳胶；7- 牙签；
8- 镊子；9- 塑封膜；
10- 塑封机

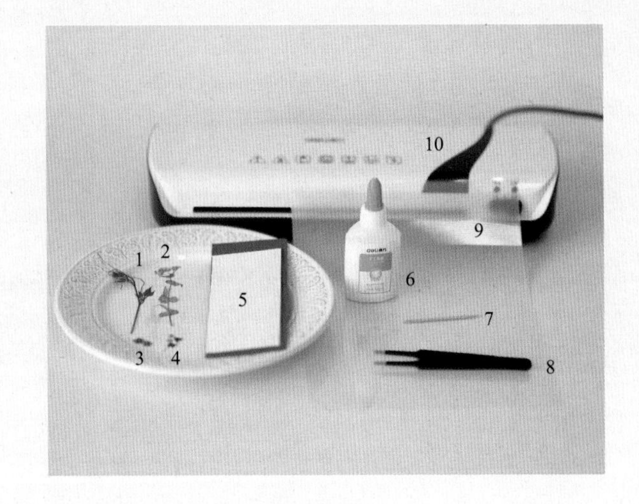

步骤

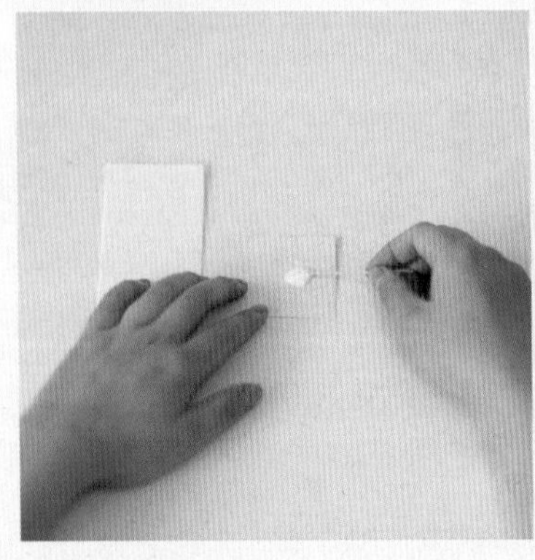

1	2
3	4

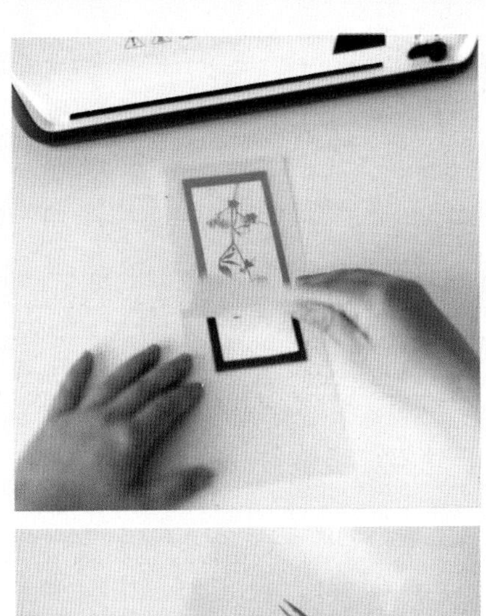

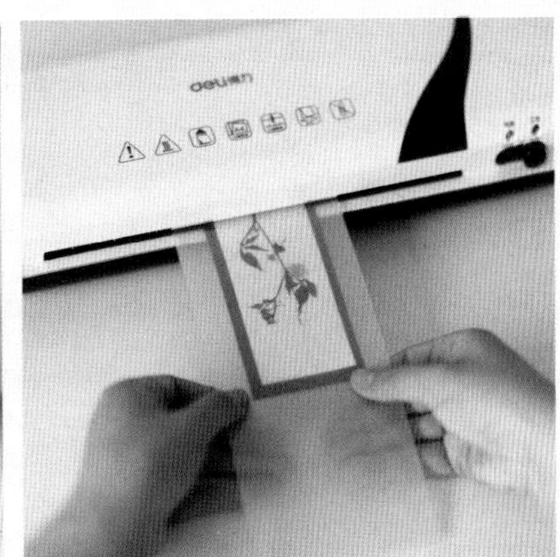

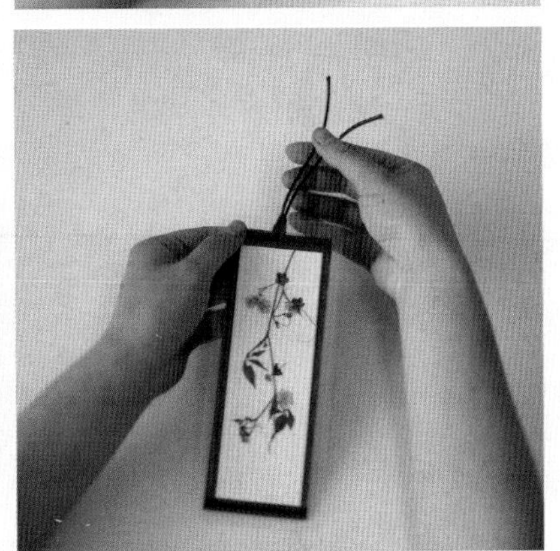

5	6
7	8

1. 将深浅两张卡纸剪裁好，将米白色卡纸粘贴在赭石色卡纸上。

2. 根据构图设想，选取花材先进行摆放，视呈现效果进行调整。

3. 将白乳胶挤出少量在小纸片上，用牙签蘸取白乳胶。

4. 在花材背面点涂极少量胶进行粘贴。

5. 将书签夹入塑封膜中。

6. 将塑封机进行预热，待工作灯亮起，将塑封膜放入。

7. 修剪多出的塑封膜，四周要比卡纸长出 0.3～0.5 厘米。

8. 在上方打孔，穿绳，完成整体作品制作。

Tips：1. 尽量选取较薄的花材进行构图，过塑效果会更好。

2. 书签可以做得非常丰富多彩，如图一，铺满花材覆膜后加刻好的框线装饰；如图二，与漫画效果相结合，将图案的一部分进行干花装饰；如图三，采用团扇形式，进行中式构图设计。

3. 操作步骤 4 时，为减少湿性白乳胶对干花材保色的影响，通常在花材较厚的部分点涂，若枝条较长，可选择两点涂胶。

图一

图二

图三

落英寄情
——压花贺卡

落英香犹在，花笺情长存。

飘落的花瓣变身旋转的舞裙，各异的舞姿传递多彩的心情。手作贺卡，诚心满满，带你体味温暖的人情。

难度系数：★★★★

材料： 1-彩色卡纸；2-冷裱膜；3-三色堇；4-小飞燕；5-矢车菊；6-小野菊；7-古代稀；8-红色角堇；9-苏铁卷；10-大小不等的菊科花

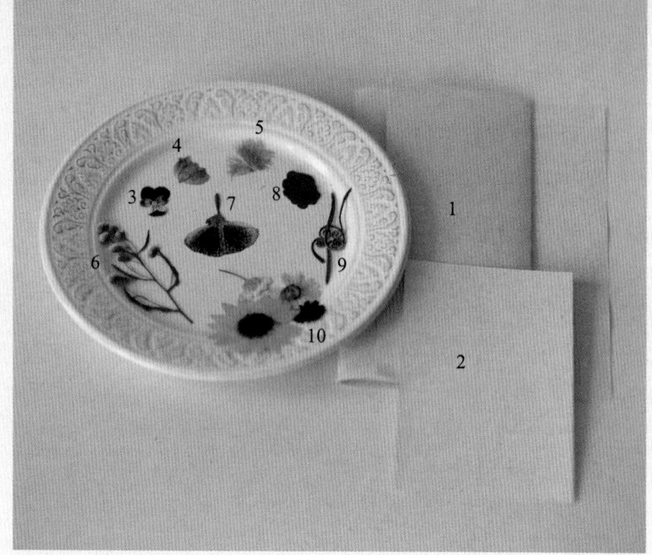

步骤

1. 将彩色卡纸如图折叠两次，以第一道折痕为中线，在靠近上部的位置画一个心形，并将心形右半部分用刻刀刻开，翻折压在最下层卡纸上。

2. 在最下层卡纸上，在比心形缩进约1厘米的地方纵向刻开，将翻折的右半部分心形插入开口，形成贺卡的卡扣。

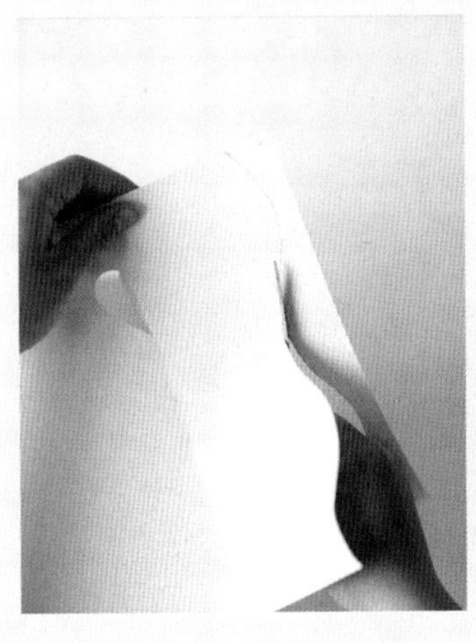

3. 将最上层的卡纸左侧剪出波浪形。

4. 另外用一张纸剪一个与贺卡上同等大小的心形，贴上双面胶，将角堇的花瓣沾满心形。

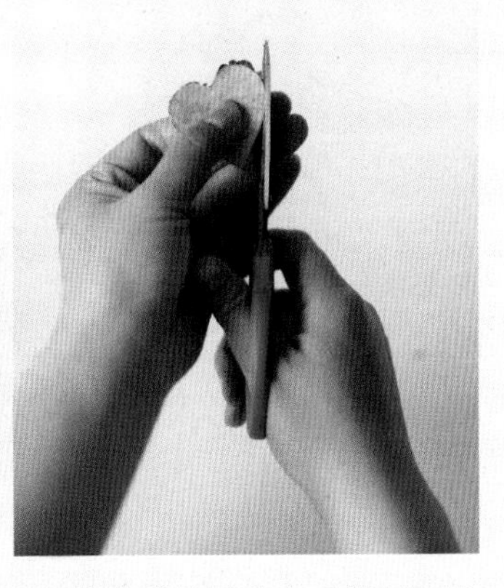

5. 将沾满花瓣的心形翻转，沿纸型的边缘将多出的部分剪齐。

6. 在心形表面贴覆冷裱膜，边缘多出 0.5 厘米，剪成犬牙边，翻折到背面贴实。将覆好膜的心形粘在贺卡上的相应位置。

7. 用米白色卡纸剪成椭圆形，画上表情，用棉签蘸取红色色粉，擦涂在脸颊处。

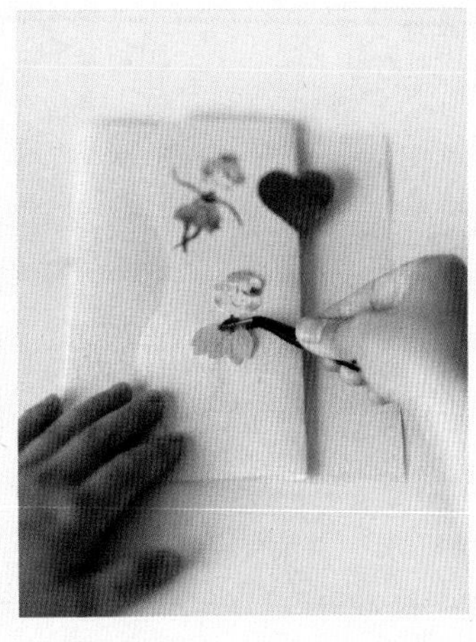

8. 组合出三个姿态各异的跳舞的小姑娘依次排列在贺卡上。

9. 在上层波浪形边缘的左侧粘贴矢车菊花瓣进行装饰。

10. 将有压花的部分覆膜：从贺卡一侧开始，一边慢慢揭开冷裱膜，一边将膜用手压实。完成作品。

Tips：1. 操作步骤 1 时，三折页式的贺卡两次折叠为不同方向，折叠后形成不等距的三层。
2. 操作步骤 6 时，覆好膜的心形只与贺卡上画出的心形左半部分粘贴，心形右半部分保留不粘连的两层，下层插入开口做贺卡的卡扣，上层是覆好膜的完整的心形。
3. 操作步骤 8 时，跳舞的小姑娘组合方法：用苏铁卷做卷发，用小半朵菊花、三色堇做帽子，分别用蓝色小飞燕、黄色波斯菊、玫红色古代稀做裙子，用小野菊的叶片做胳膊和腿。

花间絮语
——压花笔记本
暗香流韵款款至，絮语轻诉脉脉情。
简洁雅致的封面设计，独具匠心，使每一次书写都成为愉悦的文字之旅。

难度系数：★★★

材料：1- 苏铁卷；2- 粉色小水仙花；3- 福禄考花；4- 纸型；5- 卡纸；6- 笔记本

步骤

1. 根据设计，做好旗袍纸型，放在选好的底色卡纸上剪出旗袍形状。

2. 用苏铁卷做旗袍的斜襟和盘扣。

3. 用粉色小水仙和福禄考花间隔装饰旗袍。

4. 将做好的旗袍用双面胶粘在笔记本封面上。

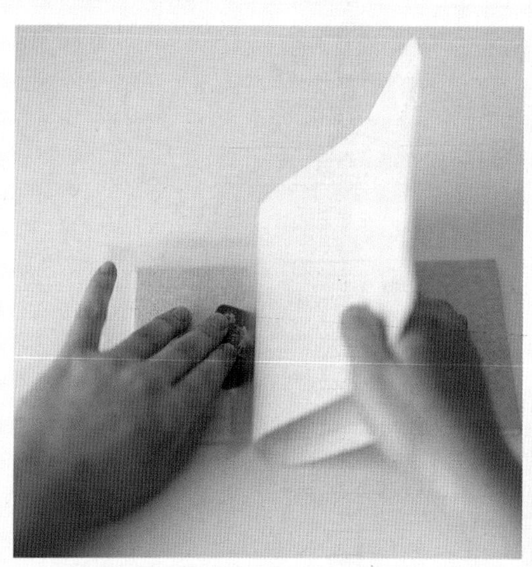

5. 将冷裱膜剪裁得比笔记本封皮略大，从一侧开始，一边揭膜，一边用手压实，四周多出的部分翻折到背面粘好。

6. 将封好膜的封皮粘到笔记本内页上，完成作品。

花之密语
——压花手账

岁月有爱相伴，从此一路繁花。

万千风景相随，心情为之雀跃，此时，不要忽略身边的一花一草，看似平凡，却是一路前行的见证。

难度系数：★★

材料： 1- 采摘的各种花草；2- 手账本；3- 双面胶；4- 冷裱膜

Tips：操作步骤 3 时，随形修剪时要留出约 0.5 厘米的边缘，以确保花材能较好地密封在内。

步骤

1. 将采摘并压制好的花草粘在双面胶的一面。

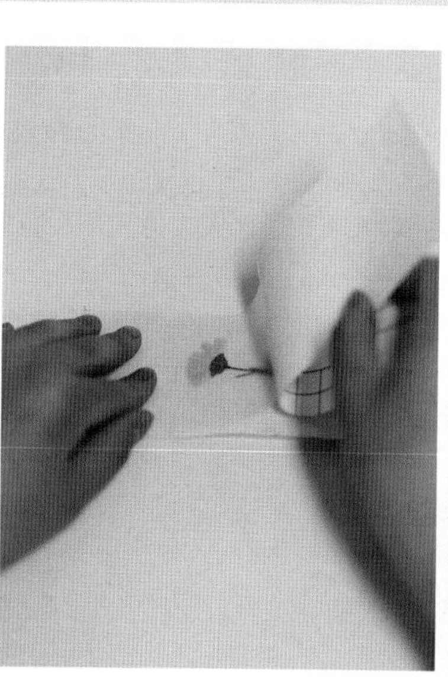

2. 在粘贴好花草的双面胶上覆上冷裱膜，压实。

3. 沿花草边缘将覆好膜的花草剪下来，做成压花贴片。

4. 将平时采集的花草做成压花贴片，收集备用。

5. 将压花贴片底面的双面胶揭开，粘在手账上进行装饰，完成作品。

意蕴花语

——压花木牌

日有好花迎客笑。

细细缠绕的垂蔓间，花影点点。小清新风格迎客木牌，简洁而雅致。

难度系数：★★☆

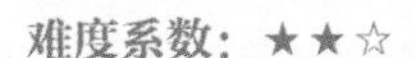

材料：1- 原木牌；2- 字母纸样；
3- 硫酸纸；4- 冷裱膜；
5- 珍珠草；
6- 粉色和紫色小水仙花；
7- 杂色花瓣和叶片

步骤

Tips：做压花字母时，选择的花瓣颜色要尽量与作品整体色调相协调。

1. 用硫酸纸将打印好的字母纸样描画好。

2. 将描好字母的硫酸纸反向贴在双面胶上。

3. 把字母的大致形状剪下来。

4. 将双面胶揭开，将杂色花瓣和叶片随意组合粘贴，覆盖住字母。

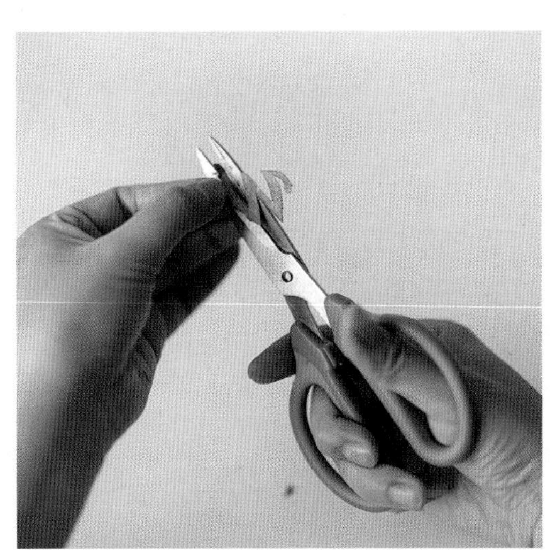

5. 按硫酸纸背面字母形状边缘剪好。

6. 将纸样翻转，即完成压花装饰字母。将其余字母按同样的方法做好备用。

7. 先用少量白乳胶沿原木牌的上沿粘贴珍珠草，细小枝蔓不要太整齐，要自然下垂。再点缀粉色和紫色小水仙花。

8. 沿木牌的下沿粘贴装饰好的压花字母。

9. 将冷裱膜一端揭开并从木牌的一侧开始覆盖，一边揭膜，一边将膜压实。

10. 沿木牌边缘用刻刀将多余的冷裱膜去掉，完成作品。

光影四季

生命是光与影的交织，让人浮生遐想。光与影就像一对顽童，跳着闹着，悠悠地就走过了四季。

四时花纪
——压花月历

林花长似锦，四季色常新。

微风、莲荷、落叶、飘雪，采撷繁花落叶，记录静好时光。

难度系数：★★★★★

材料：1- 粉彩；2- 定画液；3- 水蓼；4- 木绣球；5- 苎麻叶；6- 染色铁线蕨；7- 茄子皮；8- 月历贴；9- 冷裱膜

步骤

1. 根据构图，用黄色软粉彩轻轻平涂打底。

2. 可以用手指涂抹，使颜色更均匀。

3. 在颜色需要加深的地方，用美工刀刮下橙红色粉彩粉末，再用手指涂抹均匀。

4. 粉彩容易被蹭掉，所以背景色涂好后，喷定画液定稿。

5. 打印一张底图，用硫酸纸将各部分描画下来，分别剪开，贴在双面胶上。

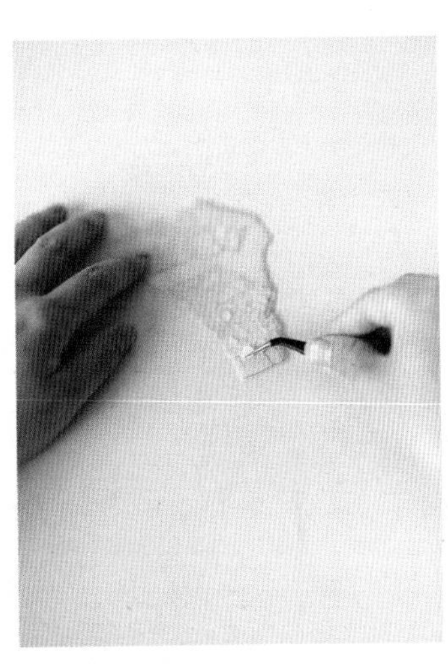

6. 用木绣球的花瓣拼贴水乡小镇的屋墙。

7. 用茄子皮做屋顶和窗户。

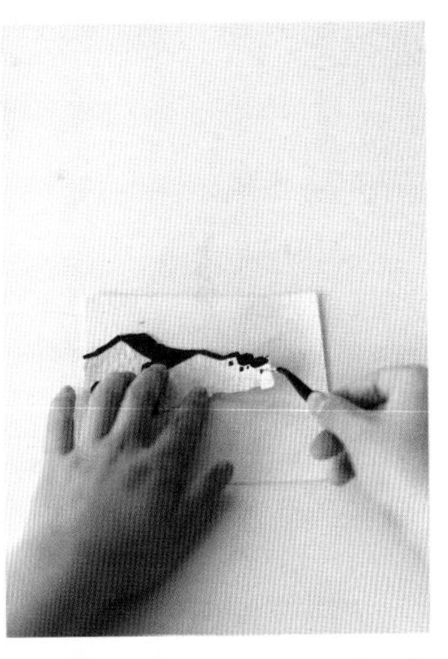

8. 将组合好的建筑主体粘贴在背景相应的位置上。

9. 用苎麻叶的浅色面做桥面。

10. 用苎麻叶深色面做桥拱阴影和桥体的石块。

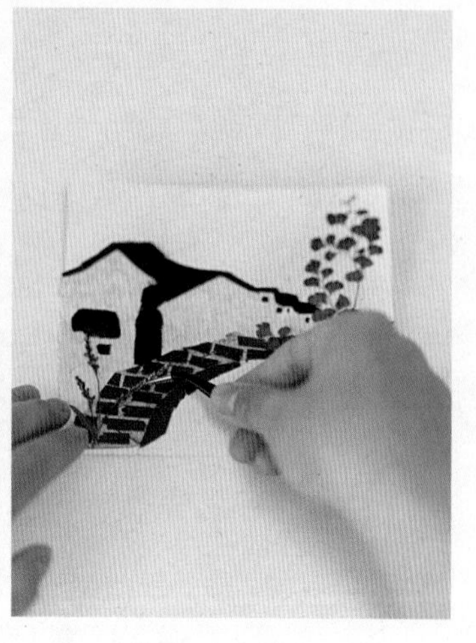

11. 用染色铁线蕨和水蓼点缀秋景。

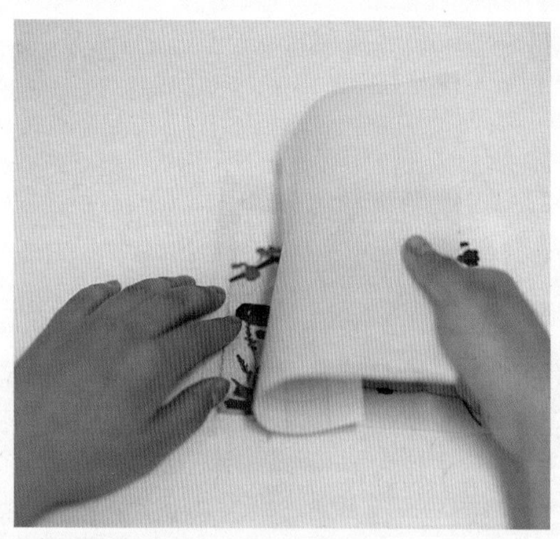

12. 从一侧开始，一边揭开冷裱膜，一边用手将膜压实，最后将四周多出的冷裱膜翻折到背面压实。

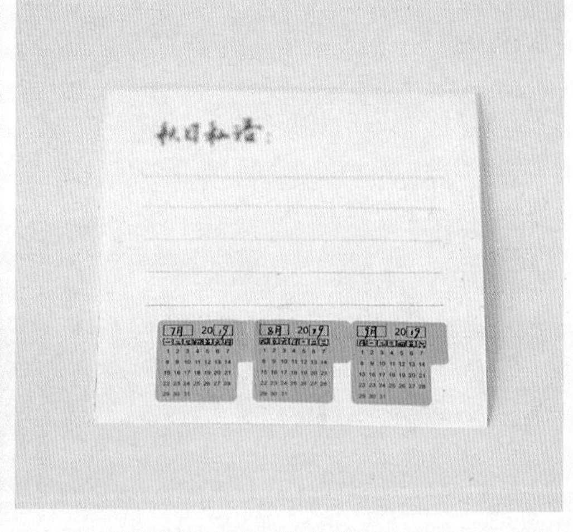

13. 将封好膜的秋景图居中粘在底卡上，并在底卡的背面粘月历贴，进行装饰，完成作品。

花影烛光
——压花蜡烛

今夕复何夕，共此灯烛光。

素白的蜡烛配上亮丽的花材，烛光映花影，既是很好的家居装饰，又能在特殊的日子里营造浪漫的氛围。

难度系数：★★★

材料和工具：1- 白色蜡烛；2-Mod 胶；3- 软毛笔；4- 硫酸纸；5- 红色满天星；6- 红色蕾丝；7- 红色晶菊；8- 红色绣球；9- 红色月季；10- 风船葛；11- 叶上黄金

步骤

1. 剪裁一张与蜡烛等高的硫酸纸（或白纸），长度为蜡烛周长。将花材在纸上摆放，进行构图设计。

2. 用软毛笔在蜡烛上想要贴花材的地方刷一层薄薄的 Mod 胶。

3	4
5	6

3. 将最高的花材风船葛贴在蜡烛上。

4. 在风船葛表面刷一层薄薄的 Mod 胶，确保花材完全贴合在蜡烛上。

5. 按照构图设计依次粘贴月季、晶菊、绣球、满天星、蕾丝。粘贴方法同上。

6. 贴好后，在花材表面再刷一层薄薄的 Mod 胶，起到保护花材的作用。

Tips：1. 粘贴花材的时候，要确保花材与蜡烛完全贴合。因为胶水容易干，所以每次只能粘贴一朵。
2. 粘贴重瓣花的时候，可以将软毛刷伸到花瓣中间，将多层花瓣粘贴密实。

轻罗小扇
——压花团扇

轻罗小扇扑流萤。

缓缓轻摇下，繁花蝶舞若隐若现。悠悠微风间，一缕幽香似有若无。

难度系数：★★★☆

材料：1- 团扇；2- 丝光膜；
3- 小野菊；4- 重瓣紫罗兰；
5- 迷你月季；6- 波斯菊；
7- 绣球

步骤

1. 沿团扇圆形的一侧，做 C 形构图设计。先粘贴两端的小野菊确定图案延伸的长度。

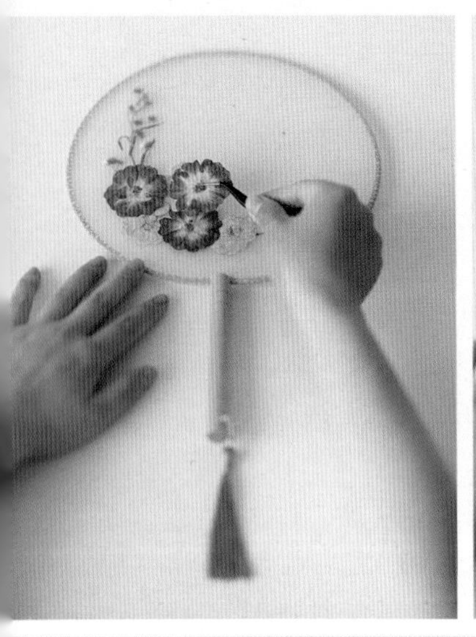

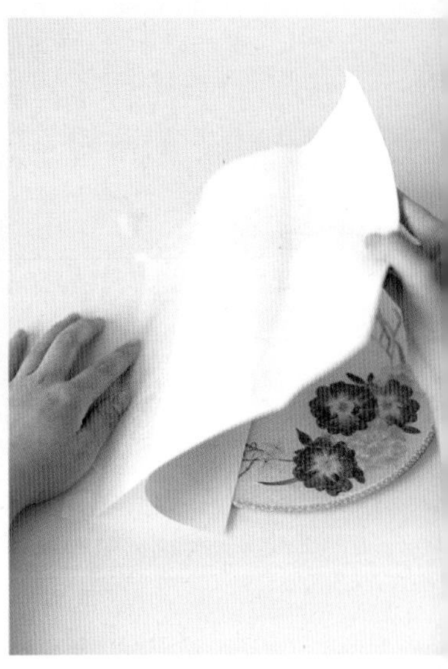

2	3	4
5		

2. 分别粘贴迷你月季和重瓣紫罗兰，形成构图的焦点。

3. 用波斯菊和绣球的花瓣组合成两只大小不同的蝴蝶，高低错落粘贴于画面空白处。

4. 揭开丝光膜的一侧，从扇面的上缘开始，一边揭膜，一边用手将丝光膜横向压实压平。将四周多余的丝光膜剪掉。

5. 在有花材的地方挤少量阻隔胶（或日本压花树脂胶），用手指涂抹均匀。

Tips：1．粘贴迷你月季和重瓣紫罗兰时，各用三朵花呈不对称三角形排列，注意两种花要有相互遮挡的关系。
2．阻隔胶有较好的黏性和延展性，用手指涂抹阻隔胶时不要过于用力，以免丝光膜破损。

6．待阻隔胶干透，压花的颜色会透出来，花色更明亮。至此，作品完成。

封印韶华

只争朝夕，不负韶华。而美好的时光总是短暂而珍贵。何不利用手边的点滴，封留一抹阳光和色彩？

珞珞如玉
——压花饰品

脱胎玉质独一品，时遇诸君高洁缘。

珞珞，有坚硬之意。硬质的 UV 胶晶莹通透，将多彩的干花封入其中，像自然的精灵，随身携带，给你的生活增加一些美好和灵动。

难度系数：★★★☆

（一）时光宝石项坠

材料与工具：

1- 紫外线灯；2- 无影胶；
3- 时光宝石底托；4- 玻璃盖片；
5- 花胶或 B6000 胶；6- 染色蕾丝；
7- 染色晶菊

步骤

1. 将染色晶菊剪成 1/3 朵大小。

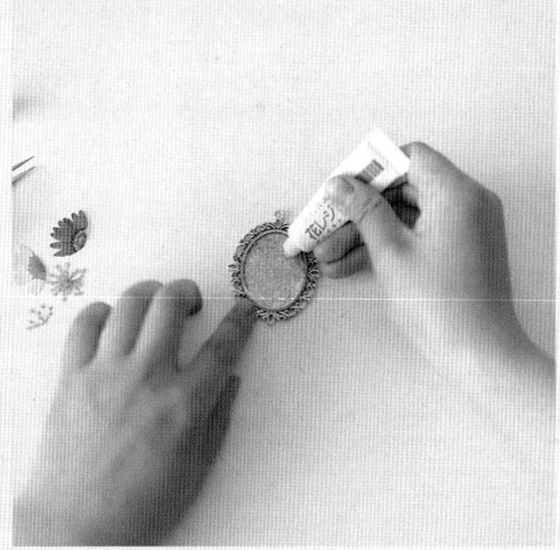

2. 在底托上需要粘贴花材的地方涂上少量花胶或 B6000 胶。

3	4
5	6

3. 在底托上斜对着粘贴染色晶菊，中间加入蕾丝以丰富画面。

4. 先在中心部分滴入无影胶，然后轻缓晃动底托，使胶覆盖整个底托。

5. 将玻璃盖片从底托的一侧放入，慢慢放下。

6. 轻轻按压盖片，如有胶溢出，及时用纸巾擦干净。

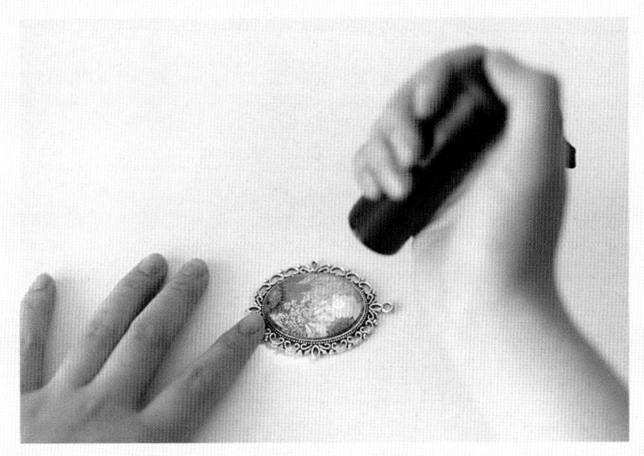

7. 用紫外线灯照射 40 秒到 1 分钟，将胶烤干即可。

Tips: 1. 无影胶不要滴入过多，以免盖上玻璃片后有胶溢出。
2. 玻璃盖片要慢慢往下放，速度太快容易出气泡。

8. 穿上吊绳，时光宝石压花项链制作完成。

（二）金属框项坠

材料：

1-UV 胶；2- 紫外线灯；3- 蓝色透明胶带；
4- 火烈鸟金属框；5- 非洲菊花瓣

Tips：操作步骤 2、5 时，可以用牙签将胶引入边缘，仔细观察是否有气泡，若有气泡可以用牙签扎破。

步骤

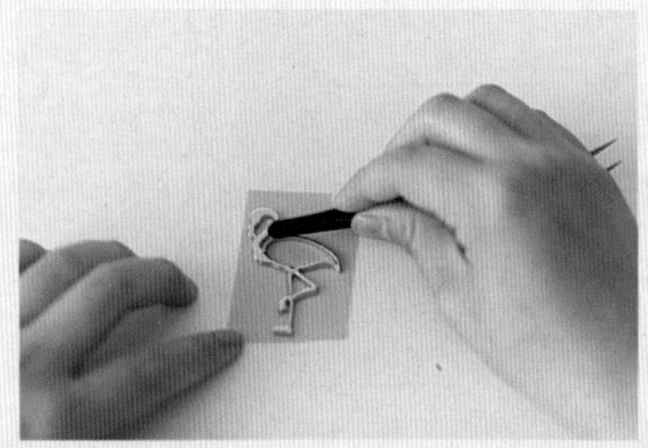

1	2
	3

1. 剪一块比金属框大的胶带，有黏性的一面朝上，将金属框放在上面，四周用手或工具压实，不要有空隙。

2. 将 UV 胶滴入框内，可以轻缓晃动，布满底部。

3. 用紫外线灯烤 40 秒左右，达到基本硬化。

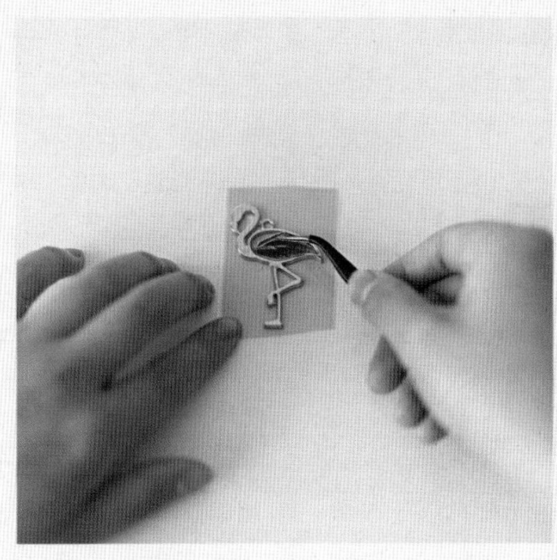

4. 滴入少量的 UV 胶，然后加入有序排列的非洲菊花瓣做羽毛，用紫外线灯照射 30 秒左右。

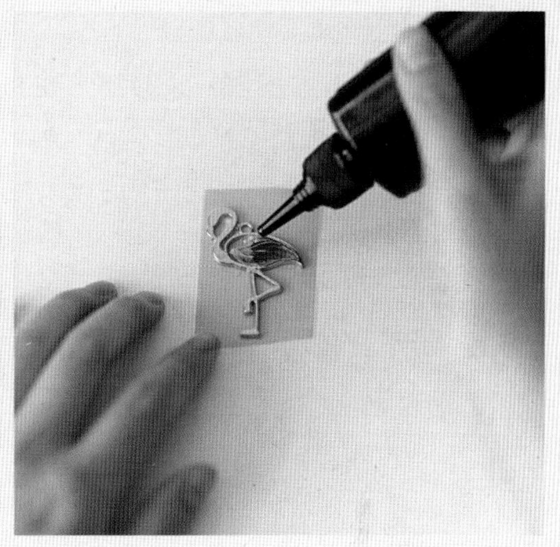

5. 第三次滴入 UV 胶，覆盖整个金属框。

6. 用紫外线灯照射 40 秒～1 分钟，UV 胶完全硬化即可。

7. 将底层的蓝色胶带撕掉，穿上链子，美丽的压花项坠制作完成。

（三）植物潘多拉手链

材料与工具：

1- 多色染色晶菊；2- 手链；

3- 银色垫圈；4- 手链吊饰；

5- 硅胶手链模具；6- 一次性滴管；

7-UV 胶；8- 镊子；

9- 紫外线照灯（美甲灯）

步骤

1. 将染色晶菊花瓣摘下放入模具。

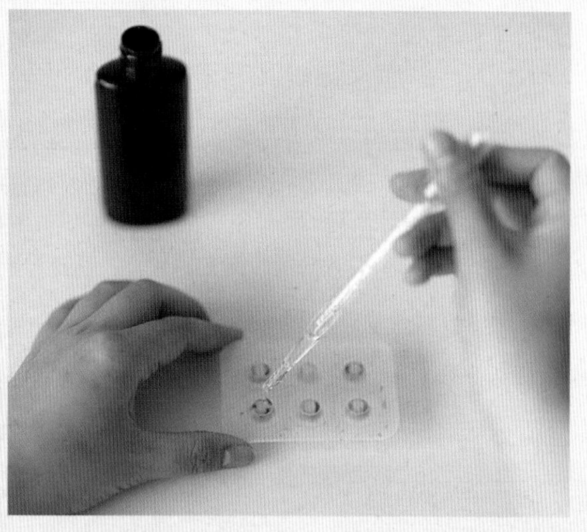

2. 用滴管吸满 UV 胶，伸入模具内，缓缓注入，直至充满模具。

Tips：先将滴管内的空气排空后再将滴管伸入模具内，避免出现气泡。

3. 将模具放入紫外线照灯内照 1 分钟左右，直至硬化。

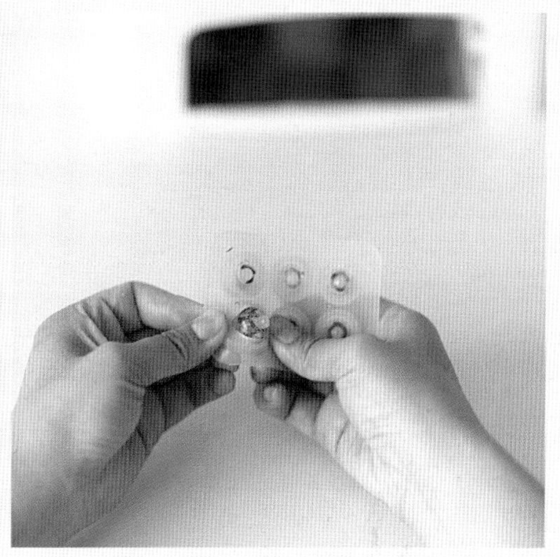

4. 将硬化的手链珠从模具内取出。

5. 在圈口处涂少量白乳胶，扣上银垫圈。

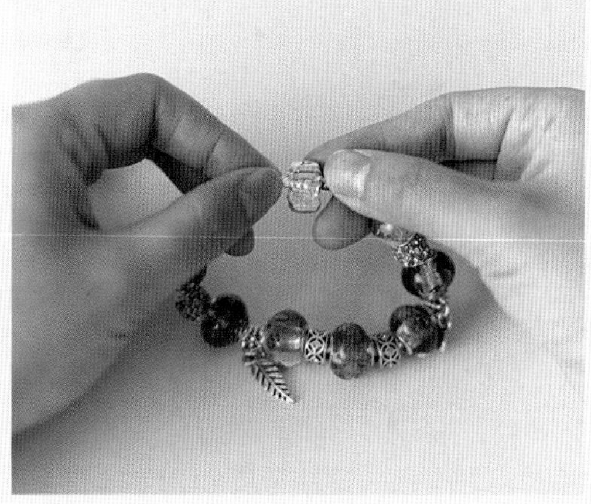

6. 间隔穿入 UV 胶压花珠和手链吊饰，完成植物潘多拉手链的制作。

封印韶华
——压花装饰画

百啭千声随意移，山花红紫树高低。

盛开的花朵，灵动的小鸟，婉转的鸣叫，是对自然的呼唤，传达出都市人内心对自然的渴望。

难度系数：★★★★★

材料与工具：

1- 橘色非洲菊花瓣；
2- 香豌豆枝；
3- 六出花花瓣及花蕊；
4- 侧压晶菊；
5- 红色香雪球；6- 苇蒌叶；
7- 苎麻叶；8- 红枫叶；
9- 白色芦苇毛；10- 铝箔膜；
11- 硫酸纸；12- 干燥板；
13- 脱氧剂

步骤

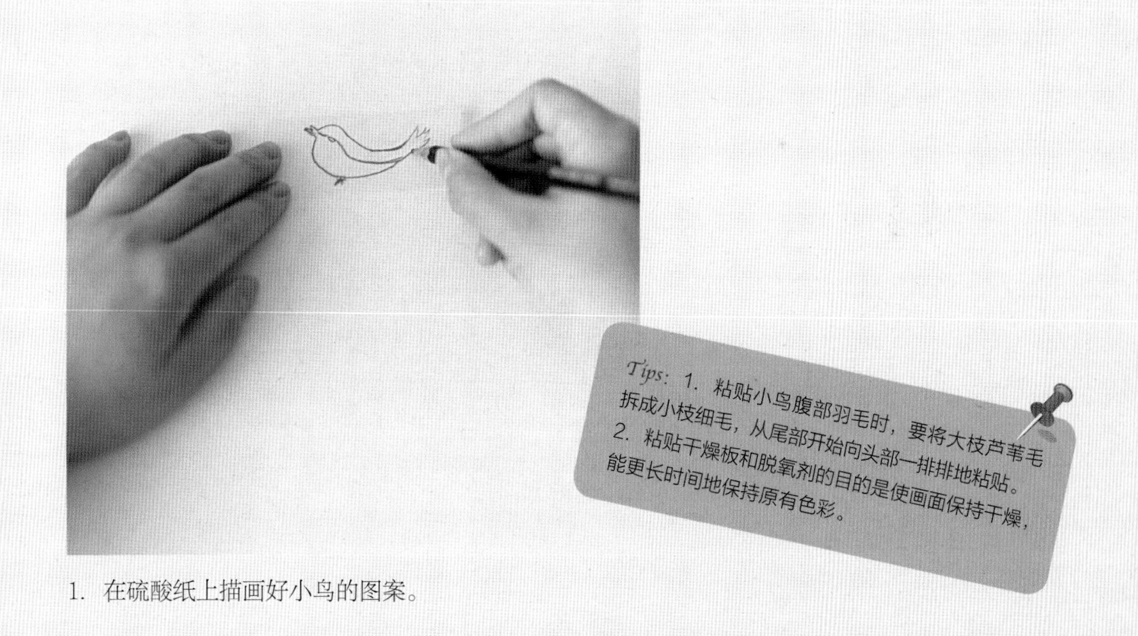

Tips：1. 粘贴小鸟腹部羽毛时，要将大枝芦苇毛拆成小枝细毛，从尾部开始向头部一排排地粘贴。
2. 粘贴干燥板和脱氧剂的目的是使画面保持干燥，能更长时间地保持原有色彩。

1. 在硫酸纸上描画好小鸟的图案。

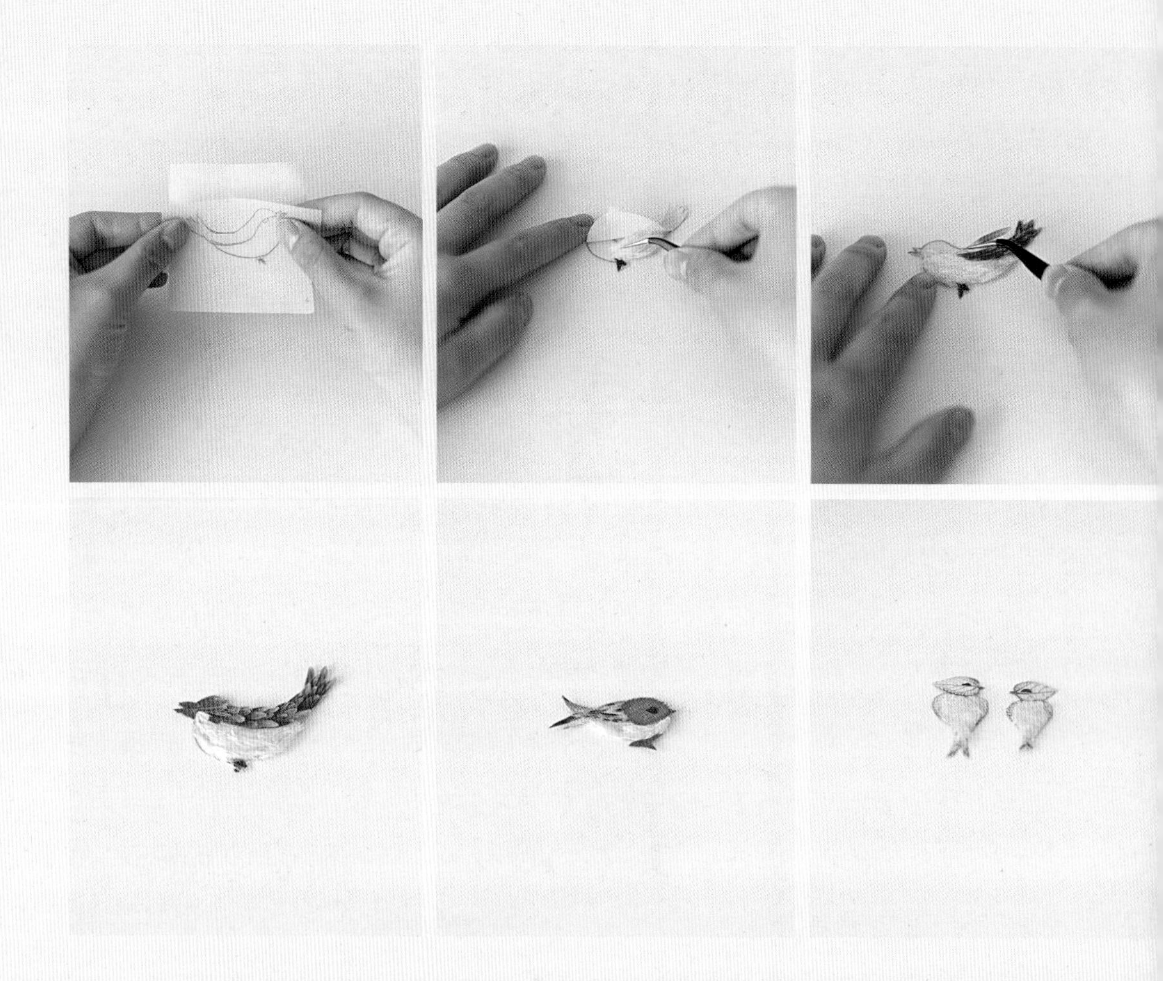

2	3	4
5	6	7

2. 将画好图案的硫酸纸贴在双面胶上，沿边缘剪好。

3. 将小鸟腹部的双面胶揭开，用红色枫叶做鸟爪，用白色芦苇毛粘贴小鸟腹部。

4. 用橘色非洲菊花瓣粘贴小鸟上半部分身体。

5. 用红枫叶做小鸟的嘴和眼睛。

6. 按上述步骤，用红枫叶做鸟的爪子和嘴，芦苇毛做鸟的腹部，六出花花瓣做鸟的翅膀和尾巴，苇菱叶做鸟头，完成第二只小鸟。

7. 用六出花花瓣做鸟尾，芦苇毛做身体，苎麻叶做翅膀和头部，完成第三、第四只鸟。

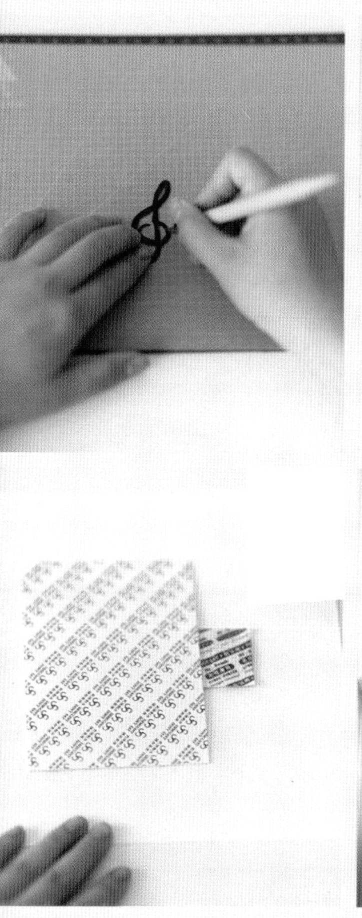

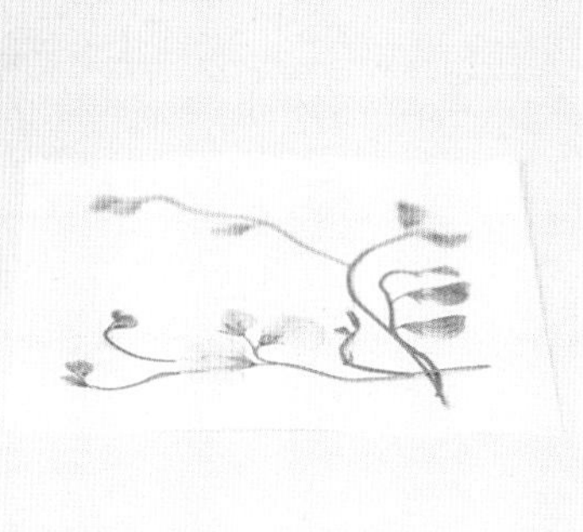

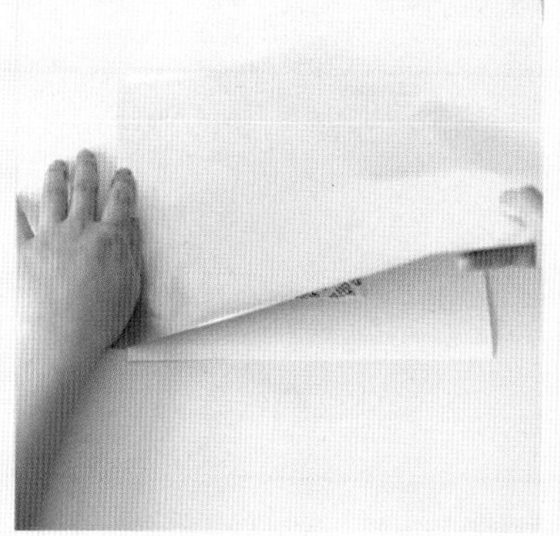

8	9	10
11	12	13

8. 用刻刀将新鲜的叶子刻出高音谱表，压花板干燥后留用。

9. 用香豌豆枝按构图做出主框架。

10. 在适当位置加入小鸟、高音谱表、侧压晶菊、红色香雪球、六出花花蕊拼的音符等丰富构图。

11. 在画面背面粘贴干燥板和脱氧剂。

12. 裁剪比画面略大一圈的铝箔膜，覆在干燥板和脱氧剂上层，压实。

13. 画面正面盖上亚克力板或玻璃板，将四周多出的铝箔膜翻到正面包住亚克力板，并压实。

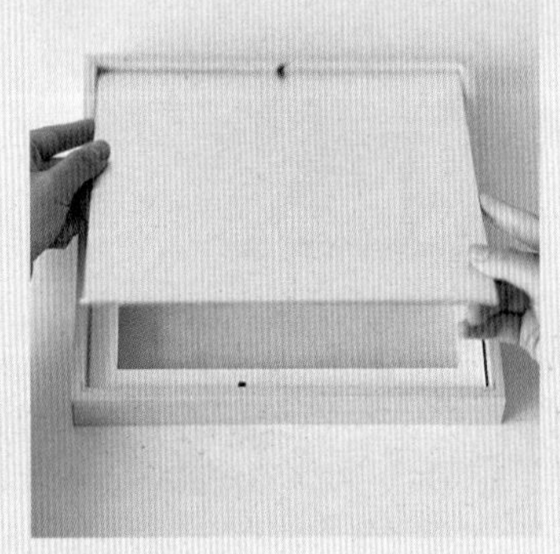

14	16
15	

14. 裁切宽 2 厘米左右的压边，盖住翻折的铝箔膜。
15. 按照“亚克力板→白卡纸压边→覆膜后的装饰画→背板”的顺序装入相框。
16. 装裱好的装饰画既可立于桌面，也可挂于墙面，有很好的装饰效果。